AF645652

Susanne Hansch
Elke Schwarzer

DER GIERSCH MUSS WEG!

28 Unkräuter bekämpfen
oder einfach aufessen

50 FRISCHE WILDKRÄUTER-REZEPTE

DAS STECKT IM BUCH

UNKRAUT NUTZEN

Machen Sie einfach das Beste aus den wilden Wucherern in Ihrem Garten. Da die lästigen Kräuter nun schon einmal hier sind, können sie sich auch in der Küche nützlich machen.

UNKRAUT ODER WILDKRAUT?

Das Wort Unkraut ist heutzutage in Ungnade gefallen und politisch nicht mehr korrekt. Wildkraut klingt viel besser, denn dieses Wort bringt keine Wertung mit sich.

Und doch trifft es der bewährte Begriff Unkraut meist ganz gut, denn die vielen wilden Pflanzen, die ungefragt in unseren Garten kommen, sind häufig unerwünscht und ihre Entfernung macht unglaublich viel Arbeit. Im Gemüse- wie im Staudenbeet konkurrieren sie mit unseren Lieblingen um Licht, Wasser und Nährstoffe. Oft wird vielen Arten auch zum Verhängnis, dass sie einfach nicht hübsch genug sind – oder würden Sie in grenzenloser Bewunderung vor einer Wegrauke erstarren? Aber nicht nur die unscheinbaren Vertreter der heimischen Flora haben das Potenzial zum Unkraut. Ahornsämlinge als Hundertschaft aus den Rabatten zu jäten, artet jedes Frühjahr in Arbeit aus, obwohl wir dem ausgewachsenen Baum durchaus Respekt zollen, aber einen Wald im Garten wollen wir trotzdem nicht. Auch an sich schöne Stauden, wie die Gilde der Gilbweideriche (*Lysimachia*), können sich unverschämt breitmachen und andere Pflanzen verdrängen. Auch sie haben das Zeug zum Unkraut, obwohl wir sie sogar freiwillig in den Garten geholt haben und selbst schuld sind.

Viele Pflanzen aus der Kategorie „die Geister, die ich rief" punkten mit ihrem guten Aussehen, sodass wir sie erst freudig gewähren lassen, bis sie uns aus allen Ecken des Gartens entgegenwachsen. Das trifft auf das Scharbockskraut und die Silberblättrige Goldnessel zu. Manchmal bekommt man sie auch von wohlmeinenden Gartenfreunden geschenkt, weil sie vermeintlich vom grünen Daumen des Besitzers zeugen. Hierzu zählt die schöne Kanadische Goldrute. Allen ist gemeinsam, dass es viel Kraft und Nerven kostet, sie auf ein erträgliches Maß zu reduzieren.

Das Geheimnis ihres Erfolges

Was macht Unkräuter überhaupt so erfolgreich? Wie schaffen sie es nur, inmitten der Stauden so groß zu werden, wo doch alle unsere Bemühungen, Stockrosen oder Akeleien an genau derselben Stelle auszusäen, kläglich gescheitert sind? Da sind zum einen die Wurzelunkräuter. Sie leben sozusagen auf Kredit und haben einen großen Vorteil: Die Mutterpflanze erfreut sich irgendwo ihres Lebens – zum

Eine Zaunwinde wickelt geschickt eine Wilde Karde ein.

Huflattich versucht sich neben Funkien als Blattschmuckstaude im Vorgarten.

Beispiel, weil der Nachbar sie gewähren lässt – und schickt Ausläufer ins Staudenbeet. Gut versorgt durch die unterirdische Nabelschnur wächst die Brut unseren Gartenpflanzen einfach davon. Zaunwinde und Giersch sind Beispiele für diese Strategie. Die Zaunwinde kann sogar mehrere Meter weit am Boden entlang kriechen, bis sie sich für eine Rankhilfe entschieden hat. Das macht es besonders schwer, das Epizentrum des Wucherns überhaupt zu finden.

Andere, vor allem einjährige Arten warten nur darauf, durch Umgraben ans Tageslicht zu kommen, sie sind wahre Opportunisten und besiedeln jeden Rohboden als potente Pionierpflanzen – frisch angelegte Stauden- oder Gemüsebeete sind also genau ihr Ding. Sofort keimen ihre Samen in Windeseile und haben das Terrain erobert, bevor die ausgesäten Gemüsepflanzen den Raum für sich beanspruchen konnten. Sie setzen ihre ganze Energie für die Fortpflanzung ein: Da sie einjährig sind, müssen sie schließlich nicht in die Zukunft investieren, während die meisten Gemüsearten zwei- oder mehrjährig sind und ein gutes Wurzelwerk brauchen – denken wir nur an Möhre, Mangold, Topinambur oder Zwiebel. Der Weiße Gänsefuß ist so ein Eroberer.

Die kletternde Zaunrübe ist nicht essbar, ihre meterlangen Ranken ergeben aber haltbare Bindfäden, um Stauden damit aufzubinden.

Viele Unkräuter zeichnen sich durch eine große Toleranz gegenüber Umweltbedingungen aus. Ob Pflasterfuge oder Gemüsebeet, Sonne oder lichter Schatten, oft treffen wir auf dieselben Arten. Am optimalen Standort sind sie zu stattlichen Erscheinungen herangewachsen, weniger glückliche Exemplare am Straßenrand sind dagegen mickrig klein, zur Fortpflanzung kommen sie trotzdem. Der Gewöhnliche Rainkohl oder die Knopfkräuter sind solche Verwandlungskünstler.

Nützliches Wuchern

Trotz aller Arbeit, die sie uns machen, haben Unkräuter doch einen Nutzen. Sie dienen Insekten als Nahrung, verhindern Bodenerosion, beschatten das Erdreich, lockern es oder reichern es mit Nährstoffen an. Manche lassen sich zu düngenden Jauchen verarbeiten. Viele Arten, die uns im Garten zufliegen, dienen als Zeigerpflanzen. Sie wachsen z. B. nur auf gut mit Nährstoffen versorgtem Boden oder eher an mageren Standorten. Andere zeigen an, dass das Erdreich verdichtet ist. So können wir ohne Bodenprobe ganz bequem nur durch Beobachten der Spontanflora herausfinden, wie es um unseren Gartenboden bestellt ist. Das Vorkommen der Brennnessel gibt uns beispielsweise einen dezenten Hinweis darauf, dass wir nicht noch mehr Stickstoff in den Boden einarbeiten müssen.

Erstaunlich viele Pflanzen, die den Garten in Eigeninitiative erobern, eignen sich vorzüglich als Wildgemüse – wenn das nicht ein unschätzbarer Bonus ist. Wo das Grünzeug nun schon mal in rauen Mengen da ist, bietet sich eine kulinarische Nutzung geradezu an. Die Vorteile liegen auf der Hand: Ganz ohne große Mühen und Betüddeln wachsen essbare Pflanzen in unserem Garten. Während wir uns um unser Gemüse bemühen und es gegen allerhand Fressfeinde verteidigen müssen, rühren die Schnecken die Spontanflora meist gar nicht an, sie ist robust und gesund. Außerdem ist sie stets zur Hand, um in der Küche eingesetzt zu werden – frischer und vitaminreicher geht es nicht. Auch geschmacklich haben die wilden Kräuter so einiges zu bieten, das man nicht im Supermarkt kaufen kann: Der Geschmack von Gundermann z. B. ist unvergleichlich, frische Hopfentriebe sind für kein Geld der Welt käuflich.

Wir können so manches Unkraut also einfach aufessen und es dadurch gleichzeitig wirkungsvoll mit Messer und Gabel statt mit dem Unkrautstecher in seine Schranken verweisen. Von den vielen nutzbaren Pflanzen im Garten handelt dieses Buch. Sind wir erst einmal auf den Geschmack gekommen, spendieren wir unserem Lieblingskraut bestimmt ein eigenes Plätzchen im Beet oder säen es sogar ganz gezielt aus. Vielleicht bezeichnen wir sie nach dem Kochen dann doch nicht mehr als Unkraut?

Das Essbare erkennen

In diesem Buch haben wir Arten zusammengestellt, die sich leicht identifizieren lassen, sei es am Geruch, durch ihr unverwechselbares Aussehen oder beim Anfassen – auch wenn es wehtut, wie bei der Brennnessel. Gartenbesitzer mit Erfahrung werden ihre Pappenheimer sowieso durch langjährige Sisyphusarbeit ganz genau kennen, Anfänger können hier Pflanzen finden, die keine giftigen Doppelgänger haben und sich bereitwillig zu erkennen geben.

Gibt es doch einmal zum Verwechseln ähnliche Arten, wie das Kleinblütige und das Behaarte Knopfkraut, sind beide essbar. Unter den Doldenblütlern, die viele giftige Vertreter haben, ist der Giersch eine der wenigen leicht zu erkennenden Arten, im Gegensatz zum Wiesenkerbel, der mit der in Gärten häufigen Hundspetersilie verwechselt werden kann. Wenn Sie statt zur Taubnessel aus Versehen zum wuchernden Waldziest greifen, macht das gar nichts, denn auch er ist essbar, riecht aber strenger. Im Zweifelsfall gilt es, ganz genau hinzuschauen: Wie sind die Blätter angeordnet, wie ist die Behaarung von Laub und Stängel, wie sind die Blüten beschaffen – erscheinen sie vor oder mit dem Laub? Duften die Blätter, wenn man sie zwischen den Fingern reibt oder brennen sie gar?

Allen im Buch beschriebenen Pflanzen ist gemeinsam, dass an ihnen nur selten Mangel besteht, wenn man sie einmal im Garten hat – schon durch ihr einnehmendes Wesen unterscheiden sie sich von zarten Gartengewächsen oder eher empfindlichen Wildpflanzen.

So hübsch kann Spontanflora sein: Vogelwicke wächst mit Kamille zusammen.

Was für eine schöne Ernte aus einem Garten, in dem Wildes wachsen darf.

REZEPTE AUS DER GANZEN WELT

In diesem Buch erwartet Sie eine bunte Vielfalt von Rezepten aus aller Welt.

Mit den wilden Pflanzen im Gepäck reise ich mit Ihnen von Bayern nach Südtirol, in die Abruzzen und nach Griechenland, mache mit Ihnen einen Abstecher in die Türkei und dann schlagen wir einen weiten Bogen über den Orient nach Asien. Auf dem Rückweg nehmen wir die nördliche Route, halten kurz in Irland, springen über den großen Teich nach Amerika und machen auf dem Heimweg nach Deutschland eine Stippvisite in Frankreich.

Ihnen begegnen auf dem Weg vertraute „verwilderte“ Rezepte, wie der Bayerische Kartoffelsalat mit Giersch (Seite 46) und die Brennnessel-Buletten (Seite 24), aber auch traditionelle lokale Wildpflanzen-Rezepte wie die Spaghetti mit Hopfenspitzen aus Ligurien (Seite 62) und der Berglinsen-Eintopf mit Beinwell aus den Abruzzen (Seite 20). Hippe Rezepte wie die Bagels mit Sauerklee-

Thunfisch-Creme (Seite 96) wechseln sich ab mit veganen Rezepten wie dem Ayurvedischen Süßkartoffel-Wegerich-Gemüse (Seite 112). Es gibt Gnocchi und Fingernudeln, Flammkuchen und Kräcker, Bulgur und Taboulé, Pesto, Raita, leckere Drinks, süße Gewürzäpfel und Blütensalz.

Bevor Sie mit mir auf diese spannende Reise gehen, möchte ich Ihnen wichtige Hinweise und hilfreiche Tipps für die Verwendung von essbaren Wildpflanzen in Ihrer Küche an die Hand geben.

Die Goldene Regel der Unkrautesser

Wir stellen Ihnen in diesem Buch Pflanzen vor, die recht gut zu bestimmen sind. Beachten Sie bei der Ernte dennoch die „Goldene Regel" der Wildpflanzensammler und „Unkrautesser": **Verwenden Sie für Speisezwecke nur Pflanzen, die Sie 100%ig sicher erkennen.**

Wenn Sie auch nur den kleinsten Zweifel haben, ob es sich um die vermutete essbare Pflanze handelt, dann verwenden Sie sie nicht. Lassen Sie einige Exemplare der Pflanze stehen, bis sie blühen. Dann ist die Bestimmung einfacher. Im nächsten Jahr erkennen Sie die Pflanze dann vielleicht auch ohne Blüten und wissen, ob Sie essbar ist oder nicht.

Eine Handvoll wilde Kräuter

Die wilden Kräuter haben es in sich. Sie strotzen nur so vor Mineralien, Vitaminen, Spurenelementen und sekundären Pflanzenstoffen wie Chlorophyll, Carotinoiden, Flavonoiden oder Phytohormonen. Alle Inhaltsstoffe wirken in spezifischer Weise auf unseren Körper. Zudem ist ihre Konzentration in den wilden Pflanzen viel höher als in unseren Kulturgemüsen. Wenn man noch nicht an diese hochwertigen Nahrungsmittel gewöhnt ist, beginnt man am besten mit kleinen Mengen der wilden Pflanzen und steigert die Menge langsam.

Die Mengenangabe „Handvoll", die in den Rezepten häufig verwendet wird, hilft dabei. Sie sagt aus, dass es auf die Menge nicht so genau ankommt und sie nach eigenen Bedürfnissen und Geschmack angepasst werden kann. Denn auch mit dem Geschmack mancher Wildkräuter muss man sich erst vertraut machen. Vor allem die Bitterstoffe sind wir meist nicht mehr gewöhnt, da sie aus unseren Kulturgemüsen immer mehr weggezüchtet wurden.

Anfangs kann man die „Unkräuter" auch mit Kulturgemüsen mischen. Für gekochte Gerichte eignet sich beispielsweise Spinat gut, in Salaten eine der vielen Blattsalatsorten, die es inzwischen gibt, oder der nussige Feldsalat.

ACHTUNG

Beachten Sie bei den vorgestellten Pflanzen unbedingt die Hinweise, die Ihnen nur gelegentlichen Verzehr nahelegen oder den Genuss für besondere Personengruppe, z. B. Schwangere, nicht empfehlen.

Der Geschmack der wilden Pflanzen

Jedes Wildkraut hat seinen eigenen charakteristischen Geschmack. Es schmeckt mild oder kräftig, bitter oder scharf wie Kohl oder Kresse, aromatisch wie ein Gewürzkraut oder sauer wie Zitrone. Der Geschmack erinnert manchmal an Vertrautes wie jungen Mais, Gurken, Pilze oder Knoblauch oder er ist unbeschreiblich wie das Aroma des Gundermanns.

Viele von ihnen sind mehr oder weniger bitter. Der Grad der Bitterkeit ist von der Pflanzenart, aber auch vom Wachstumsstadium abhängig. So ist der Löwenzahn vor der Blüte weniger bitter als danach. Da die Bitterstoffe wichtig für unseren Stoffwechsel sind und den Gerichten mehr geschmackliche Komplexität geben, ist es sinnvoll, sich an den bitteren Geschmack zu gewöhnen.

Scharf ist nicht gleich scharf. Hirtentäschel und Wegrauke haben die typische Schärfe des Kohls. Dies ist nicht verwunderlich, enthalten sie als Kreuzblütler doch allesamt Senfölglykoside, die für diese Geschmacksrichtung verantwortlich sind. Die Schärfe von Nachtkerze und Kletten-Labkraut hingegen ist am ehesten als „kratzig" zu beschreiben, eine Charakteristik, die es in der alltäglichen Gemüseküche so nicht gibt. Diese Pflanzen kann man mischen oder einfach sparsam einsetzen.

Besonders einprägsam sind die würzigen Wildkräuter, wie der Dost oder der Gundermann. Sie haben ein typisches Aroma und werden zum Würzen verwendet.

Die sauer schmeckenden Pflanzen wie der Sauerklee geben den Gerichten eine frische Säure.

In der Tabelle sind alle Pflanzen dieses Buches nach der grundlegenden Geschmacksrichtung sortiert. Manche Pflanzen sind in zwei Kategorien eingeordnet: als junge Pflanze bei „mild", als ältere bei „bitter".

mild	kräftig	bitter	kohlig-scharf	kratzig-scharf	würzig	sauer
Beinwell	Brennnessel	Ehrenpreis	Hirtentäschel	Labkraut	Dost	Sauerklee
Ehrenpreis	Giersch	Gänsedistel	Wegrauke	Nachtkerze	Gundermann	
Gänse-blümchen	Goldrute	Hopfen	Knoblauchs-rauke	Scharbocks-kraut	Nelkenwurz (Wurzel)	
Gänsedistel	Huflattich	Knoblauchs-rauke			Knoblauchs-rauke	
Gänsefuß	Rotklee	Löwenzahn				
Knopfkraut	Taubnessel	Rainkohl				
Rainkohl	Wegerich					
Tellerkraut	Weißklee					
Vogelmiere						

Die Rezepte in diesem Buch können auch mit anderen Pflanzen als den vorgeschlagenen zubereitet werden. So gelingt ein Gänsefuß-Rezept auch mit Knopfkraut oder Brennnessel, unterscheidet sich aber im Geschmack. Bei den Rezepten sind Alternativen unter dem Punkt „Andere Wildpflanzen“ angegeben.

Wild meets vegan

Die meisten Rezepte in diesem Buch sind vegetarisch, manche werden mit Fleisch oder Fisch zubereitet, einige sind vegan.

Viele der nicht-veganen Rezepte lassen sich leicht zu einem rein pflanzlichen Rezept „umwandeln“. Tierische Produkte können weggelassen oder ausgetauscht werden. Hier sind einige Vorschläge für einfache vegane Alternativen, die man kaufen oder einfach selber machen kann. Erfahrene Veganer haben noch weit mehr Möglichkeiten, die Rezepte nach ihren Wünschen zu ändern.

Tierische Zutat	Pflanzliche Alternative
Milch	Nussmilch, Soja- oder Getreidemilch
Butter	vegane Margarine, Öl
Joghurt	Soja- oder Lupinenjoghurt
saure Sahne und Crème fraîche	Seidentofu mit Zitrone und Apfelessig, entsprechende Produkte aus Soja oder Lupinen
Käse	pflanzliche Käsesorten
Ei (als Bindemittel)	Leinei (50 ml Wasser, 5 g Leinmehl, etwas Kalak Nama für das schwefelige Eiaroma)
Speck	Räuchertofu
Hackfleisch	Tofu, Tempeh, Seitan, Lupineneiweiß

Junge Gierschblätter werden mit Vorfreude auf ein gutes Essen gepflückt.

Ernten

- Säubern Sie die Pflanzen schon bei der Ernte. Gräser, Moos oder trockene, vergilbte Blätter gleich herauszupfen. So geht das Vorbereiten der Pflanzen beim Zubereiten schneller und die Pflanzenmasse bleibt in Ihrem Garten und kann Humus bilden.
- Zarte Unkräuter, die in dichten Beständen wachsen, wie der Ehrenpreis oder die Vogelmiere, bündeln Sie am besten mit einer Hand und schneiden das Bündelchen dann mit einem scharfen Messer ab. Das geht schneller als das Zupfen einzelner Pflänzchen.
- Das Kleinschneiden von Pflanzen geht schneller, wenn die Pflanzen nicht durcheinander in das Erntegefäß gelegt werden, sondern in die gleiche Richtung. So können z. B. Taubnesseln später gut

geschnitten werden. Die dickeren Stängel, die dann ja alle nebeneinander liegen, lassen sich so zügig feiner schneiden als die Spitzen.
- Trennen Sie die verschiedenen Arten beim Sammeln, es sei denn, sie sollen in einem Mixgericht verarbeitet werden. Geeignete Pflanzen können auch zu einem Sträußchen zusammengebunden werden.
- Für die Wildkräuter-Ernte im Garten nahe beim Haus ist eine Schüssel oder ein Korb gut geeignet. Für längere Transporte muss die Ernte vor Verdunstung geschützt werden. Dafür können feuchte Tücher oder aber geschlossene Gefäße wie Kunststoffdosen oder Plastikbeutel verwendet werden. Plastikbeutel mit Zip-Verschluss lassen sich vor dem Schließen etwas aufblasen. Durch das „Luftpolster“ sind vor allem zarte Pflanzen und Blüten gut geschützt. Achten Sie bei Plastik-Behältnissen darauf, dass die Sonne nicht daraufscheint, damit die Pflanzen nicht schwitzen. Plastiktüten mehrfach verwenden und so entsorgen, dass sie recycelt werden können.

Aufbewahren

- Pflanzen, die nicht sofort verarbeitet werden, bewahren Sie am besten im Kühlschrank in Beuteln oder Dosen auf. Die Pflanzen dürfen nicht zu nass sein, dann faulen sie leicht. Sehr trockene Pflanzen mit ein wenig Wasser bespritzen.
- In der kühlen Jahreszeit kann die Ernte auf Balkon oder Terrasse aufbewahrt werden. Die wintergrünen Pflanzen wie die Vogelmiere oder die Purpurrote Taubnessel können selbst an frostigen Tagen draußen schattig lagern.
- Die wilden Pflanzen halten im Kühlschrank relativ lang, eine Woche ist auch bei Blättern möglich, Wurzeln halten deutlich länger. Allerdings gehen in dieser Zeit natürlich Vitamine verloren. Wer sein „Sammelgebiet“ direkt vor der Haustür im Garten hat, erntet besser immer frisch.

Waschen

- Gesammelte Pflanzen erst direkt vor der Verwendung waschen.
- Die Pflanzen immer erst nach dem Waschen zerkleinern. Klein geschnittene Pflanzen saugen sich mit Wasser voll und mehr wertvolle Inhaltsstoffe werden ausgeschwemmt.
- Zum Waschen eine große Schüssel oder das Spülbecken mit Wasser füllen und die Pflanzen im Wasser ein wenig bewegen. Dabei nicht drücken, um die Blätter nicht zu quetschen.

HINWEIS

In den Rezepten wird das Waschen der wilden Pflanzen und der anderen Gemüse nicht immer extra erwähnt.

Die Blätter behutsam in viel Wasser waschen.

Als Sträußchen gesammelt lassen sich Stiele und Blätter zügig schneiden.

- Die gewaschenen Pflanzen in einem möglichst großen Sieb abtropfen lassen. Das Sieb schütteln, damit das Wasser gut abtropfen kann.
- Große Blätter wie die vom Beinwell oder Huflattich unter sanft fließendem Wasser abspülen.
- Die Pflanzen nach dem Waschen gut trocknen. Dazu eignet sich eine Salatschleuder gut. Sie können aber auch ein Küchentuch aus Stoff verwenden und die Pflanzen darin locker einschlagen oder einrollen und das Wasser aufsaugen lassen. Pflanzen, die gekocht oder blanchiert werden, muss man nicht trocknen.
- Zum Reinigen von dickeren Wurzeln eine Bürste verwenden. Ich bevorzuge die japanischen Tawashi-Bürsten. Sie sind handlich, langlebig und ihre dichten Palmfasern reinigen die Wurzeln sehr gut. Dünnere Wurzeln einfach bündeln und unter laufendem Wasser aneinander reiben. Sie reinigen sich gegenseitig.

Schneiden

- Zum Kleinschneiden der Pflanzen ein scharfes großes Messer verwenden. Stumpfe Messer und Wiegemesser quetschen und das wirkt sich negativ auf den Geschmack aus.
- Die Pflanzen immer erst direkt vor dem Zubereiten klein schneiden.

KRÄUTER UND REZEPTE

Das Unkraut einfach aufessen – hier finden Sie leckere Pflanzen aus dem Garten mit den passenden Rezepten, damit das Jäten auch belohnt wird.

ECHTER BEINWELL

SYMPHYTUM OFFICINALE

STAUDENRIESE MIT VIELEN TALENTEN

Die großen Blätter des Beinwells versprechen eine schnelle Ernte.

Hat der Beinwell sich im Garten angesiedelt, ist das eigentlich ein Grund zum Jubeln, denn die heimische Staude ist eine wahre Allzweckwaffe: Hummeln sind die Blüten wie auf den Leib geschnitten, uns dient sie als Heilpflanze bei Muskel- und Gelenkbeschwerden und im Garten kann sie als Dünger anderen Pflanzen auf die Sprünge helfen.

Zu viel des Guten kann aber recht lästig werden, da das tief reichende Wurzelwerk nur schwer zu entfernen ist und immer wieder austreibt. Die großen Blätter können Kulturpflanzen verschatten und bedrängen. Im Schatten blüht der Beinwell zwar nicht mehr, stirbt aber auch nicht gleich ab, sondern treibt umso größeres Laub, das zarten Schattenstauden viel Licht wegnimmt.

An sonnigen Plätzen macht die lange Blütezeit die Pflanze zu einer attraktiven Hummelweide in naturnahen Gärten. Kurzrüsselige Hummeln beißen die lange Blütenröhre auf, um an den Nektar zu gelangen. Für bunte Bilder sorgt die Blütenfarbe: Sie variiert von Weiß über Rosa bis zu Violett. Beinwell kann auch mit nassem Boden abgespeist werden.

Erkennen

- Höhe 30–100 cm, Breite 50–60 cm
- rosafarbene, violette oder weiße Blüten von Mai bis September
- röhrenförmige Blüten in einem Blütenstand, lange Blütezeit durch immer neu erscheinende Blüten
- Stängel und Blätter rau behaart
- große, spitz zulaufende Laubblätter mit deutlich sichtbaren Adern, am Blütenstängel wechselständig angeordnet
- sommergrün
- liebt nährstoffreiche, am liebsten frische bis feuchte Böden und viel Sonne
- fleischiges, mächtiges Rhizom

Ein echtes Feingemüse sind die jungen Knospen des Beinwells.

Loswerden ...

Man muss schon tief graben, um den Beinwell nachhaltig zu beeindrucken. Meist treibt er doch wieder aus, wenn Wurzelreste im Boden verbleiben. Fortwährendes Roden der Blätter kann ihn auf Dauer aber seine Existenz kosten

... oder lieber nutzen

Die Blätter können den Kompost aufpeppen oder als Mulchmaterial verwendet werden. Sie enthalten viel Stickstoff und Kalium und dienen sowohl Stauden als auch Gemüse als Dünger. Noch wirkungsvoller, aber auch geruchsintensiver, ist eine Beinwelljauche. Hierbei werden etwa 1 kg Blätter zerkleinert und in 10 l Wasser gegeben. Nach wenigen Wochen und häufigem Umrühren ist die Jauche fertig, wenn sie vom trüben in den klaren Zustand übergegangen ist. Verdünnt (1:10 mit Wasser) ist sie ein rasch wirksamer Flüssigdünger Marke Eigenbau.

In der Küche dienen die großen, proteinreichen Blätter zum Einwickeln, werden in Teig ausgebacken oder paniert angebraten. Durch die Behaarung der Blattunterseiten haftet Frischkäse besonders gut an ihnen. Sie können aber auch klein geschnitten für Füllungen oder in Eintöpfen verwendet werden. Eine besondere Delikatesse sind die Triebspitzen mit Blütenknospen.

BITTE BEACHTEN!

Beinwell enthält giftige Pyrrolizidinalkaloide, daher sollte er nur in Maßen und nicht zu häufig verzehrt werden. Nicht in der Schwangerschaft und Stillzeit genießen.

ITALIENISCHER BERGLINSEN-EINTOPF MIT BEINWELL

In den Abruzzen verwendet man den wild wachsenden, verwandten Borretsch für das Rezept.

ZUBEREITUNGSZEIT: CA. 60 MIN.

ZUTATEN FÜR 4 PORTIONEN

750 ml Wasser
250 g Beinwell (Blätter und, wenn vorhanden, junge Triebe mit Knospen)
1 weiße Zwiebel
1 Knoblauchzehe
2 Karotten
2 Kartoffeln
ein paar Stängel Petersilie
200 g Berglinsen
Salz, schwarzer Pfeffer gemahlen
4 EL Olivenöl extra vergine
Parmesan

- Wasser aufsetzen. Stängel von den Beinwellblättern abschneiden, wenn Knospen vorhanden sind, auszwicken und beides beiseitelegen.
- Die Blätter im kochenden Wasser kurz blanchieren, in ein Sieb geben und abtropfen lassen. Zwiebel und Knoblauch schälen, fein würfeln.
- Einen weiteren Topf erhitzen, Öl hineingeben und Zwiebel und Knoblauch darin anschwitzen. Karotten und Kartoffeln in kleine Würfel schneiden und dann im Öl mit anschwitzen lassen. Beinwell- und Petersilienstängel in Stückchen schneiden und kurz mit anschwitzen. Die Linsen dazugeben, mit dem Beinwellwasser aufgießen und ca. 30 Min. kochen lassen.
- Die blanchierten Beinwellblätter in feine Streifen scheiden, dazugeben und weiterkochen, bis die Linsen gar sind.
- Zum Schluss die Beinwellknospen ganz kurz mitgaren. Petersilie fein hacken und untermischen. Mit Salz und Pfeffer abschmecken und mit Olivenöl und geriebenem Parmesan servieren.

BEINWELLKNOSPEN IN KRÄUTER-KÄSEKRUSTE

In der würzigen Käsekruste werden die zarten Knospen des Beinwells beim Braten cremig zart.

ZUBEREITUNGSZEIT: CA. 30 MIN.

ZUTATEN FÜR 2 PORTIONEN

ca. 100 ml Öl (z. B. Raps- oder Olivenöl)
8–10 junge Beinwell-Knospen
2 Eier
40 g fein geriebener Käse
Salz, Pfeffer
2 EL gemischte frische Kräuter (z. B. Dost, Gundermann, Salbei) nach Geschmack (zerkleinert gemessen)
ca. 50 g Mehl

- Öl in eine Pfanne geben und auf mittlerer Stufe erhitzen.
- Beinwellknospen waschen und dann sehr gut trocknen. Die Kräuter fein hacken und mit Eiern, Käse, Salz und Pfeffer gut verquirlen.
- Die Hitze etwas erhöhen. Geben Sie ein Beinwell-Blättchen zum Testen der Temperatur in das Öl, es soll sofort sprudelnd braten. Beinwellknospen erst in Mehl und dann in der Eiermasse wenden, im heißen Öl knusprig goldgelb braten. Dabei einmal umdrehen.
- Aus der Pfanne nehmen, abtropfen lassen und kurz auf Küchenpapier legen, damit das überschüssige Fett aufgesaugt wird.

Beinwellknospen in Kräuter-Käsekruste

GROßE BRENNNESSEL

URTICA DIOICA

DIE UNBERÜHRBARE

Wenn man sie mäht, kann man fast das ganze Jahr junge Brennnesseln ernten.

Brennnesseln lieben einen stickstoffreichen Boden und fühlen sich daher in kompostverwöhnten Gärten pudelwohl. Am liebsten schleichen sie sich über das Niemandsland der Gartengrenze in den Garten, wo sich keiner fürs Jäten zuständig fühlt. Haben sie dort erst einmal einen Fuß in der Tür, erobern sie mit langen Ausläufern die angrenzenden Blumenbeete. Wer sie herausreißen möchte, sollte sich mit Handschuhen bewaffnen, denn bekanntermaßen weiß sich die Pflanze mit Brennhaaren gegen Zudringlichkeiten zu wehren.

Die heimische, sommergrüne Staude erreicht bei ungestörtem Wachstum und nährstoffreichem Boden beeindruckende Ausmaße und kann so ihre Nachbarpflanzen bedrängen. Unverzichtbar ist sie aber als Raupenfutterplanze für unsere schönsten Tagfalter, die sich nicht an den Brennhaaren stören. Zu den Nutznießern gehören Kleiner Fuchs, Admiral, Distelfalter, Tagpfauenauge, C-Falter und Landkärtchen. Wo die Brennnessel nicht stört, sollte sie also ruhig mit wenigstens einem Busch geduldet werden, vor allem an einem sonnigen Standort, der besonders viele Schmetterlinge anzieht.

Erkennen

- Höhe 30–150 cm, Breite 50–100 cm
- unscheinbare, fadenförmige Blütenstände von Juli bis Oktober
- Pflanze zweihäusig, weibliche Blüten hängen, männliche stehen aufrecht
- buschig wachsend mit dicht unter der Erdoberfläche treibenden Ausläufern
- Blätter und Stängel mit Brennhaaren
- Laub gegenständig, zugespitzt eiförmig mit gesägtem Blattrand
- Stängel kantig
- ausdauernd

Loswerden …

Möglichst vor der Samenreife wird die Pflanze mit der Grabegabel und unbedingt mit Handschuhen aus dem Boden gehoben. Das gelingt am besten, wenn der Boden nach einem Regen ausreichend

Die Samenstände der Brennnessel lassen sich unbeschadet ernten, da sie keine Brennhaare besitzen.

durchfeuchtet ist. Die Wurzeln lassen sich dann leicht entfernen. Wenn man an einem Ansatzpunkt zieht, klappt das oft wie am Schnürchen: Schnell hat man einen Meter Rhizom in der Hand. Mit so einem Erfolgserlebnis macht Unkrautjäten sogar fast schon Spaß. Ohne reife Saat kann das Kraut über den Kompost entsorgt werden, wo es Stickstoff liefert

... oder lieber nutzen

Die Brennnessel ergibt eine nährstoffreiche Jauche als Pflanzendünger. Das Laub kann auch direkt als Mulch auf die Beete gegeben werden.

In der Küche werden die jungen Triebe bzw. Triebspitzen wie Spinat verwendet. Zur rohen Verwendung im Salat muss man einmal mit dem Nudelholz darüberwalzen, damit die Brennhaare entschärft werden. Getrocknet brennt das Kraut ebenfalls nicht mehr und lässt sich als Tee aufgießen. Die vitaminreichen Samen schmecken nussig und brennen nicht. Daher können sie als kleiner Snack direkt im Garten verzehrt werden.

BITTE BEACHTEN!

Die Drüsenhaare der Brennnessel enthalten Histamine – Allergiker sollten also vorsichtig sein mit dem Verzehr von Brennnesseln. Nicht genießen bei Ödemen infolge eingeschränkter Herz- oder Nierentätigkeit.

BRENNNESSEL-BULETTEN

Die Brennnesseln machen die Buletten saftig und weil sie kalt fast noch besser schmecken, macht man am besten gleich ein paar mehr.

ZUBEREITUNGSZEIT: CA. 45 MIN.

ZUTATEN FÜR 12 BULETTEN

1 Zwiebel
1 Knoblauchzehe
3 EL neutrales Öl (Raps- oder Distelöl)
2 Handvoll junge Brennnessel-Triebe oder die Spitzen älterer Brennnesseln (ca. 80 g)
500 g Hackfleisch (gemischt oder nur Rind)
1 Ei
2 EL Semmelbrösel
Salz, Pfeffer

- Zwiebel und Knoblauch schälen und fein würfeln. Eine Pfanne erhitzen, 1 EL Öl hineingeben, Zwiebeln und Knoblauch darin anschwitzen und herausnehmen.
- Etwa 1 l Wasser zum Kochen bringen. Die Brennnesseln waschen, in ein Sieb geben und mit dem kochenden Wasser übergießen. Die Schicht Brennnesseln im Sieb darf nicht zu dick sein, da sich die Brennnesseln beim Überbrühen sonst schwarz färben können und nicht mehr schmecken.
- Hackfleisch in eine Schüssel geben, Zwiebeln, Knoblauch, Ei und Semmelbrösel hineingeben. Die abgekühlten Brennnesseln ausdrücken, klein schneiden und dazugeben. Kräftig salzen und pfeffern und alles gut vermengen und abschmecken.
- Die Pfanne erhitzen. Kleine Buletten formen und etwas flach drücken. Öl in die heiße Pfanne geben und die Buletten darin bei mittlerer Hitze von jeder Seite ca. 10–15 Min. knusprig braten.

Andere Wildpflanzen: Beinwell, Giersch, Huflattich, Rainkohl. Zum Würzen eignet sich Dost.

SÜDTIROLER GERSTENSUPPE MIT BRENNNESSELN

Brennnesseln passen wunderbar in diese Suppe, die ihren festen Platz auf den Speisekarten der Südtiroler Hütten hat.

ZUBEREITUNGSZEIT: CA. 60 MIN.

ZUTATEN FÜR 4 PORTIONEN

4 Frühlingszwiebeln
2 Knoblauchzehen
100 g Südtiroler Speck am Stück
1 EL Butter
150 g Gerstengraupen
1 l milde Fleisch- oder Gemüsebrühe
100 g junge Brennnessel-Triebe oder Spitzen älterer Brennnesseln
100 ml Sahne
Salz, Pfeffer, Muskatnuss

- Frühlingszwiebeln waschen. Wurzelansätze abschneiden und beiseitelegen. Das Weiße in Ringe schneiden, das Grüne beiseitelegen. Knoblauch schälen und fein hacken. Speck würfeln.
- Einen Topf erhitzen, Butter darin zerlassen. Zwiebelringe, Knoblauch und Speck darin kurz andünsten. Die Graupen waschen, dazugeben, die Brühe angießen und die Wurzeln der Frühlingszwiebeln zum Auskochen dazugeben. Die Suppe aufkochen und zugedeckt bei schwacher Hitze ca. 40 Min. kochen, bis die Gerste weich ist.
- Kurz vor Ende der Garzeit die Brennnesseln klein schneiden. Die grünen Teile der Frühlingszwiebel in sehr feine Ringe schneiden. Die Zwiebelwurzeln herausnehmen und Brennnesseln, Zwiebeln und Sahne unter die Suppe mischen. 5 Min. weitergaren. Mit Salz, Pfeffer und etwas Muskatnuss abschmecken.

Andere Wildpflanzen: Gänsedistel, Knopfkraut, Rainkohl

Südtiroler Gerstensuppe mit Brennnesseln

GEWÖHNLICHER DOST

ORIGANUM VULGARE

DER WÜRZIGE MIT DEN VIELEN GESICHTERN

Schmetterlinge, Bienen und viele andere Insekten erscheinen zahlreich auf den Blüten.

Eigentlich ist der Gewöhnliche Dost kein Unkraut im herkömmlichen Sinne, da er als hübsch blühendes Würzkraut meist freiwillig in den Kräutergarten gepflanzt wird. Sein Hang zur Selbstaussaat kann ihn aber ein wenig lästig werden lassen, wenn er uns aus jedem Pflanzkübel entgegenwächst oder im Beet jede freie Stelle zielsicher findet. Dabei ist ihm die Beleuchtungssituation weitgehend egal. Er erscheint selbst an schattigen Stellen, obwohl er in der Natur lieber sonnig steht. Seine Toleranz von mageren und trockenen Böden macht ihn pflegeleicht und konkurrenzstark gegenüber Stauden, die empfindlich auf sommerliche Trockenheit reagieren.

Das Erscheinungsbild der heimischen Staude ist vielfältig: Manche Pflanzen haben Blüten in Schlüpferrosa mit geringer Fernwirkung, andere sprühen über vor Lebensfreude mit stärker gefärbten Blütenblättern und violetten Kelchblättern, wieder andere blühen weiß mit grünen Kelchblättern. Es lohnt sich also, einen Schönheitswettbewerb unter den Pflanzen zu veranstalten und die auffälligsten Exemplare eine Runde weiter kommen zu lassen – einen Mangel an Kandidaten wird es so schnell nicht geben.

Insekten jedenfalls lieben den Dost heiß und innig: Schwebfliegen, Honig- und Wildbienen, Hummeln und Tagfalter finden sich in Massen an den Blüten ein. Vom Laub ernähren sich die Raupen des schönen Goldzünslers und der Messingeule.

Erkennen

- Höhe 20–60 cm, Breite 30 cm
- rosafarbene oder weiße Lippenblüten mit purpurnen Kelchblättern von Juli bis September
- Blüten in einer dichten Scheinrispe
- Blütenstängel rötlich braun, verholzt zur Samenreife und lässt sich dann schwer durchbrechen
- wintergrünes Laub
- Blätter gegenständig angeordnet, eiförmig, mit behaartem, nur wenig gezähntem oder glattem Blattrand
- Laub würzig duftend

Loswerden …

Junge Pflanzen sind schnell von Hand gejätet, ältere müssen mit dem Spaten ausgehoben werden. Zieht man an den Blütenstängeln, hat man die flach wurzelnde Pflanze gleich mit in der Hand. Zur Verhinderung von Versamung sollte alles Verblühte abgeschnitten werden – dies beraubt die Gartenvögel allerdings auch einer wertvollen Nahrungsquelle.

… oder lieber nutzen

Die aromatisch duftenden Blätter eignen sich zum Würzen von Pastasaucen, Suppen, Pizza oder Omeletts. Besonders in der italienischen Küche sind sie beliebt. Dost wirkt verdauungsfördernd und entzündungshemmend. Da die Pflanze wintergrün ist, kann sie selbst in der kalten Jahreszeit Gerichte aufpeppen. Ganze im Sommer geerntete Triebe lassen sich kopfüber trocknen. Anschließend werden die Blätter vom Stängel entfernt und trocken aufbewahrt. Die verholzenden Blütenstängel lassen sich als Grillspieße nutzen.

Junger Dost vor der Blüte, ideal zur Verarbeitung in der Küche.

CHAMPIGNONSALAT MIT DOST-DRESSING

Diesem frischen cremigen Salat verleihen die rohen Champignons einen guten Biss und der Dost ein besonderes Aroma.

ZUBEREITUNGSZEIT: CA. 25 MIN.

ZUTATEN FÜR 4 PORTIONEN

400 g junge, kleine Champignons
2 reife Tomaten
1 Knoblauchzehe
einige Stängel Dost
ein wenig Petersilie
100 ml saure Sahne
1 EL Weißwein-Essig
1 EL Zitronensaft
etwas Abrieb von einer Zitronenschale
Salz, Pfeffer
½ TL Zucker
80 ml Olivenöl extra vergine

- Die Erde von den Champignons entfernen. Die Pilze in feine Scheiben schneiden.
- Tomate halbieren, das Grüne am Stängelansatz ausschneiden und die Hälften in dünne Scheiben schneiden.
- Champignons und Tomaten in eine Schüssel geben.
- Knoblauchzehe schälen und in grobe Stücke schneiden. Feste Stängel vom Dost entfernen und einige Blättchen beiseitelegen. Den Großteil der Dostblättchen, Petersilie mit Stängeln, Knoblauch, saure Sahne, Essig, Zitronensaft und -schale, Salz, Zucker, Pfeffer und Olivenöl in einen kleinen Mixer geben und ein cremiges Dressing bereiten.
- Abschmecken und zu Pilzen und Tomaten geben.
- Die restlichen Dostblättchen fein schneiden und untermengen.

Andere Wildpflanzen: Gundermann (kleinere Menge), Knoblauchsrauke

ROTES PESTO MIT DOST

Der Dost, alias Oregano, passt naturgemäß gut zur Tomate. Hier trifft er auf zwei ihrer Varianten: getrocknete und frische.

ZUBEREITUNGSZEIT: CA. 20 MIN.

ZUTATEN FÜR 4 PORTIONEN

40 g geschälte Mandeln, Cashew- oder Pinienkerne
100 g getrocknete, in Öl eingelegte Tomaten
1 reife Tomate
1 Sträußchen frischer Dost ohne Blüten
1 Knoblauchzehe
getrocknete rote Chilischote in gewünschter Schärfe und Menge
40–80 ml Olivenöl extra vergine
40 g Parmesan
Salz, Pfeffer
etwas Zitronensaft
etwas Zitronenschalenabrieb

- Mandeln, Cashew- oder Pinienkerne grob hacken und in einer Pfanne ohne Fett rösten.
- Die getrockneten Tomaten abtropfen lassen und grob schneiden. Die frische Tomate waschen, entkernen und würfeln. Dost zügig waschen, trocknen, feste Stängel entfernen. Einige Blättchen abzupfen und zur Seite legen. Den Rest grob schneiden. Knoblauch schälen und hacken.
- Getrocknete und frische Tomaten mit Chili, Mandeln, Dost, Knoblauch und Öl im Mixer fein pürieren.
- Den Käse frisch reiben, untermischen und das Pesto mit Salz, Pfeffer, Zitronensaft und der Zitronenschale abschmecken. Die übrigen Dostblättchen fein schneiden und untermengen.

Andere Wildpflanzen: Gundermann (kleinere Menge), Knoblauchsrauke

Champignonsalat mit Dost-Dressing

PERSISCHER EHRENPREIS

VERONICA PERSICA

DIE KRAKE IM GEMÜSEBEET

Die Pflanze bildet breite Polster, hier auf einem Komposthaufen.

Der Persische Ehrenpreis aus dem Kaukasus hat rasch eine Tournee durch die Gärten angetreten, wo er nährstoffreiche, offene Lehmböden besiedelt. Mit krakenartigem Wuchs macht er Boden gut.

Die winzigen blauen Blüten sind hübsch und können ganzjährig erscheinen. Die Samenkapseln schiebt die einjährige Pflanze schlauerweise Richtung Boden, wo die Saat gleich eine gute Startposition vorfindet. Eine recht ähnliche Art, auch was seine Vorlieben im Garten angeht, ist der heimische Efeublättrige Ehrenpreis (*V. hederifolia*). Auch er kann in der Küche genutzt werden.

Erkennen

- Höhe 10–40 cm, Bodendecker
- himmelblaue Blüten mit dunkelblauen Streifen, fast ganzjährig erscheinend
- die 8–12 mm breiten Blüten stehen einzeln in den Blattachseln
- Frucht asymmetrisch herzförmig und zusammengedrückt, Samen gelb
- Triebe niederliegend, mit bräunlichem, behaartem Stängel
- Laub unten am Stängel gegenständig, oben wechselständig
- Blätter herzförmig mit gesägtem Rand und deutlicher Aderung
- einjährig, Pflanze kann auch überwintern

Loswerden …

Mit der Hacke kann man ihn leicht entfernen, am besten bevor die Samen reif sind. Verdrängen lässt er sich mit größeren Stauden.

… oder lieber nutzen

Die Ernte ist zwar mühsam, aber die Blüten ergeben eine hübsche Dekoration in Salaten. Am besten geht das mit einer sehr feinen Schere. Das Laub kann roh oder gekocht verwendet werden.
Der Geschmack ist recht herb.

KOHLRABI-BIRNEN-SALAT MIT EHRENPREIS

Birne, Schafskäse und Walnuss sind eine großartige Kombination. Der Ehrenpreis bereichert das Trio um frisches Grün und das bittere Etwas. Je weicher die Stängel, umso milder sind die Pflänzchen. Ein fruchtig-würziger Salat für milde Winter und den Frühling.

ZUBEREITUNGSZEIT: CA. 20 MIN.

ZUTATEN FÜR 4 PORTIONEN

4 EL Olivenöl extra vergine
2 EL Weißwein-Essig
1 TL Senf
Saft von ½ kleinen Orange
etwas Abrieb von der Orangenschale
½–1 TL Zucker oder Honig
Salz und Pfeffer
120 g Schafskäse
1 reife feste Birne
1 großer oder 2 kleine Kohlrabi
60 g Walnusskerne
1 gute Handvoll möglichst junger Ehrenpreis mit zarten Stängeln

- Olivenöl, Essig, Senf, Orangensaft und -schalenabrieb, Zucker oder Honig, Salz und Pfeffer zusammen mit 20 g Schafskäse zu einer cremigen Vinaigrette mixen. Gut abschmecken und beiseitestellen.
- Stiel und Kernhaus der Birne entfernen. Kohlrabi schälen und holzige Bereiche wegschneiden. Birne und Kohlrabi in feine Streifen (Julienne) hobeln oder schneiden.
- Walnüsse grob hacken. Den Ehrenpreis waschen, trocknen und grob schneiden, einige ganze Blättchen beiseitelegen. Schafskäse in Stückchen brechen.
- Birne, Kohlrabi, Walnüsse, Ehrenpreis und Schafskäse locker miteinander vermengen. Die Vinaigrette darübergeben. Mit Ehrenpreisblättchen und grob gemahlenem schwarzen Pfeffer anrichten.

Andere Wildpflanzen: junger Giersch, Hirtentäschel, junge Löwenzahnblätter und die Wegeriche

TIPP: KAUFEN SIE KOHLRABI MIT FRISCHEM GRÜN, SCHNEIDEN SIE EIN PAAR DER JUNGEN BLÄTTER IN FEINE STREIFEN UND MISCHEN SIE SIE UNTER DEN SALAT.

GEWÖHNLICHES GÄNSEBLÜMCHEN

BELLIS PERENNIS

KINDCHENSCHEMA IM RASEN

So saftig sind die Gänseblümchen-Rosetten im Januar.

An dieser kleinen Staude scheiden sich die Geister: Für die einen ist das Gänseblümchen ein Affront gegen den Golfrasen, für die anderen die schönste Blume, die das ansonsten langweilige Einheitsgrün je gesehen hat. Man kann sich dem Charme der Blümchen nur schwer entziehen und sollte ihnen nicht mit Chemie zu Leibe rücken – schließlich handelt es sich hier um ein hübsches und harmloses Unkraut.

Im Frühjahr peppen Gänseblümchen jeden Rasen auf und dienen Wildbienen und sogar kleinen Schmetterlingen als Nahrung (im Bild ein Kleiner Feuerfalter). Echte Gänseblümchen-Fans schieben den nötigen Rasenschnitt deshalb schon mal auf. Zusammen mit Gundermann, Klee oder Wiesen-Schaumkraut kann das Gänseblümchen einen Blumenrasen im Naturgarten bilden, der besonders im Frühjahr schön bunt aussieht. Immer wieder gelangen die Samen der Rosettenpflanze aber auch auf unbefestigte Wege, in Blumen- oder Gemüsebeete, wo sie jedoch nicht immer konkurrenzstark sind und von großen Pflanzen schnell zu Tode beschattet werden.

Erkennen

- Höhe 5–10 cm, Breite 10 cm
- weiße oder rosa überhauchte Blütenkörbchen mit gelber Mitte von Januar bis Dezember mit Hauptblütezeit im Frühjahr
- bildet eine niedrige Rosette aus kurz gestielten, spatelförmigen Blättern
- bevorzugt einen nährstoffreichen, frischen Boden von sandig bis lehmig
- trittfest
- versamt sich leicht
- ausdauernd

Der Kleine Feuerfalter, der auch im Garten auftauchen kann, besucht die Blüten gern.

Loswerden …

Die Pflanze überlebt selbst wöchentliches Mähen, da sich ihre niedrige Blattrosette unter den Klingen einfach hindurchduckt. Die Fruchtstände und damit die nächste Generation Gänseblümchen werden dagegen recht zuverlässig mit dem Rasenmäher bekämpft. Die Staude aus Beeten zu jäten, geht mit einer Hacke oder einem Unkrautstecher ganz einfach. Im Rasen, wo das Entfernen mühsam wäre, stört sie nicht weiter.

… oder lieber nutzen

Die Blütenkörbchen, die das ganze Jahr über erscheinen, wie auch die Blätter, sind essbar – und wenn der Rasenmäher sowieso gleich kurzen Prozess mit ihnen macht, müssen Sie wegen einer reichen Ernte kein schlechtes Gewissen haben. Dekorativ sind die Blütenköpfe auf dem Butterbrot oder als Krönung eines frischen Salats. Das Gänseblümchen ist so lecker, dass eine gezielte Ansaat in lückige Rasenflächen durchaus lohnt – und wer könnte den niedlichen Blüten mit dem Kindchenschema schon ernsthaft böse sein?

GÄNSEBLÜMCHEN AUSSÄEN **Ist der Rasen nicht mehr ganz dicht? Prima, an diesen Stellen können Sie den Boden mit dem Grubber ein wenig aufkratzen und die Samen breitwürfig verteilen. Sie werden nicht untergegraben, nur angedrückt. Bei Trockenheit feucht halten. Fertig ist die bunte Gänseblümchenwiese.**

EIER MIT GÄNSEBLÜMCHEN – OEUFS COCOTTE

In Frankreich löffelt man das flüssige Ei gerne mit Weißbrotstückchen aus den Cocottes, den feuerfesten Förmchen.

ZUBEREITUNGSZEIT: CA. 30 MIN.

ZUTATEN FÜR 4 PORTIONEN

1 gute Handvoll Gänseblümchen-Rosetten
50 g Käse (z. B. Gruyère)
1 kleine Zwiebel
1 EL Sonnenblumenöl
80 g Crème fraîche
Gänseblümchen-Salz oder normales Salz, Pfeffer
etwas weiche Butter
4 Eier

- Backofen auf 200 °C Ober- und Unterhitze vorheizen. Ein Kuchengitter auf der mittleren Schiene einschieben. 4 kleine feuerfeste Förmchen in eine feuerfeste Schale stellen und diese bis 1 cm unter den Rand der Förmchen mit kochendem Wasser auffüllen. Die Förmchen wieder herausnehmen und die Schale auf ein Kuchengitter in den heißen Ofen stellen.
- Gänseblümchen-Rosetten putzen, waschen und trockenschleudern. Käse fein würfeln, Zwiebel schälen und würfeln. Alles zusammen mit dem Öl pürieren. Crème fraîche unterrühren und die Creme mit Salz und Pfeffer abschmecken.
- Die Förmchen ausbuttern, die Creme bis ca. 1 cm unter den Rand einfüllen. Eine kleine Mulde in die Creme drücken, die Eier aufschlagen und je eines hineingleiten lassen. Das Eigelb soll ganz bleiben.
- Das Ei etwas salzen und die Förmchen vorsichtig mit einer Zange in das heiße Wasser stellen.
- Die Eier 10–15 Min. garen, je nachdem, wie flüssig man das Ei haben möchte.

Andere Wildpflanzen: Brennnessel, Weißer Gänsefuß, Rainkohl, Rotklee, Vogelmiere, Wegeriche

GÄNSEBLÜMCHEN-SALZ

Das Salz konserviert die aromatischen Blüten. Es sieht nicht nur hübsch aus, sondern versorgt uns das ganze Jahr mit den wertvollen Inhaltsstoffen der kleinen Gänseblümchen.

ZUBEREITUNGSZEIT: CA. 10 MIN. + TROCKENZEIT

ZUTATEN FÜR 100 G SALZ

100 g gutes Salz
ca. 20 g Gänseblümchen-Blütenköpfe
1 Prise Vanille

- Alle Zutaten in einem Mörser fein zerreiben oder in einem kleinen Mixer fein zerkleinern. Auf Backpapier streuen und trocknen lassen.
- Beim Trocknen bildet das Salz manchmal Klümpchen. Man kann sie im Mörser zerdrücken oder einfach lassen, denn grobe Salzklümpchen sind einfach „crunchy“.

Eier mit Gänseblümchen – Oefs cocotte

TIPP: DIE GÄNSEBLÜMCHEN-ROSETTEN SIND VOR DER WARMEN JAHRESZEIT AM SAFTIGSTEN UND KÖNNEN SOGAR IM WINTER GEERNTET WERDEN.

KOHL-GÄNSEDISTEL

SONCHUS OLERACEUS

DELIKATER DRÄNGLER

Die Gänsedistel hat nur Zungenblüten.

Ihr Zweitname ist Gemüse-Gänsedistel, und tatsächlich ist sie im Mittelalter gezielt angebaut worden, um verspeist zu werden – hier haben wir es eindeutig mit einem geschichtsträchtigen Gourmet-Unkraut zu tun. Heute hat ihre Beliebtheit allerdings etwas nachgelassen. Frech drängelt sich die einjährige Pflanze zwischen Bodendeckerrosen hindurch und quetscht sich zwischen Gemüsepflanzen empor. Wegränder werden genauso besiedelt wie Stauden- und Gemüsebeete. Die Flugsamen erreichen rasch und treffsicher jeden Garten.

Die Kohl-Gänsedistel bevorzugt einen nährstoffreichen Boden, der aber nicht zu dicht bewachsen sein darf, sonst kann diese Pionierpflanze nicht keimen. Sie liebt sonnige, warme Plätze. Mit ihrem aufrechten Wuchs überragt sie bald die Nachbarn. Leider sind die gelben Blüten wenig spektakulär, werden aber immerhin von Bienen und Schwebfliegen besucht. Die hübsch orange-schwarz-weiß gezeichneten Raupen des Lattich-Mönchs, einem grauen Nachtfalter, fressen an den Knospen, Blüten und Samen – und helfen somit, die Vermehrungsfreude der Pflanze etwas einzudämmen.

Erkennen

- Höhe 30–100 cm, Breite 30 cm
- gelbe Korbblüten von Juni bis Oktober
- Blütenkörbchen ausschließlich aus Zungenblüten bestehend
- Knospen walzenförmig, wie die Stiele
- kahl und nicht drüsig behaart
- Flugsamen ähnlich Löwenzahn
- untere Stängelblätter gestielt, die oberen den Stängel umfassend
- weiche, blaugrüne Blätter, am Rand leicht gezähnt – die Raue Gänsedistel hat dagegen oberseits glänzende Blätter, die wie eine Säge gezähnt und z. T. bedornt sind
- Laub tief gelappt, an der Spitze mit einem dreieckigen Endlappen
- Laub zunächst als Blattrosette angeordnet, bevor sich die Pflanze im Frühjahr streckt und dann aufrecht wächst
- Stängel hohl und Milchsaft führend
- tief wurzelnd
- einjährig, dabei oft einjährig überwinternd

Eine knackige, junge Rosette der Rauen Gänsedistel.

Loswerden ...

Auf großen Flächen lässt sich die Kohl-Gänsedistel rasch mit der Hacke entfernen, größere Exemplare können einfach mit der Hand aus dem Boden gerissen werden. Man muss keine Angst haben, dass die Pflanze sich aus den verbliebenen Wurzeln wieder regeneriert.

... oder lieber nutzen

Die Blätter schmecken ähnlich wie Kopfsalat oder etwas bitter wie Löwenzahn. Junge Blätter können roh im Salat verwendet werden, ältere sind zäher und schmecken besser, wenn sie wie Spinat gekocht werden. Lecker ist ein Gänsedistel-Omelett oder ein Auflauf mit Kartoffeln. Gekocht sind auch die Wurzeln essbar. Die Blüten ergeben eine hübsche Dekoration in Salaten.

Alle anderen Gänsedistel-Arten sind ebenso essbar, bei der Rauen Gänsedistel (*Sonchus asper*) müssen lediglich bei älteren Blättern die sehr dornigen Blattränder mit der Schere entfernt werden.

GÄNSEDISTEL MIT BORLOTTI-BOHNEN (CRESPINO I FAGIOLI)

In den italienischen Abruzzen gehören die Gänsedisteln zu den Wildgemüsen, die traditionell in der Küche verwendet werden.

ZUBEREITUNGSZEIT: CA. 30 MIN.

ZUTATEN FÜR 2 PORTIONEN

ca. 200 g junge Kohl-Gänsedisteln oder junge Raue Gänsedisteln
3–4 EL Olivenöl extra vergine
2 Knoblauchzehen
1 EL Tomatenmark
1 Glas oder Dose Borlotti-Bohnen (ca. 240 g Abtropfgewicht)
Salz, Pfeffer
geräucherter Paprika (Pulver)

- Gänsedistel-Blätter waschen und grob schneiden. In Salzwasser wenige Minuten kochen und abgießen. Das Kochwasser aufheben.
- In der Zwischenzeit eine Pfanne erhitzen und Öl hineingeben. Eine der zwei Knoblauchzehen schälen, halbieren, kurz anbraten und dann herausnehmen. Die Gänsedisteln mit etwas Kochwasser in die Pfanne geben. Vorsicht, es kann spritzen. Ein paar Minuten bei schwacher Hitze köcheln lassen.
- Eine zweite Pfanne erhitzen, Öl hineingeben, die zweite geschälte und halbierte Knoblauchzehe darin anbraten und dann herausnehmen. Das Tomatenmark mit etwas Kochwasser verrühren und in die Pfanne geben. Die Bohnen mit der Flüssigkeit dazugeben und etwas einköcheln lassen. Dann die Bohnen unter das Gemüse mischen und mit Salz, Pfeffer und geräuchertem Paprika abschmecken. Vor dem Servieren mit Olivenöl beträufeln.

Andere Wildpflanzen: Beinwell, Brennnessel, Weißer Gänsefuß, Knopfkraut, Löwenzahn

SOMMERSALAT MIT GÄNSEDISTELN UND TOMATEN

Die cremige Sauce verbindet die leicht bitteren Blätter der Gänsedisteln und die süßen Tomaten zu einem leichten Sommersalat.

ZUBEREITUNGSZEIT: CA. 20 MIN.

ZUTATEN FÜR 2 PORTIONEN

400 g mittelgroße reife Tomaten
Salz, Pfeffer
1 Handvoll zarte Blätter der Kohl-Gänsedistel oder der Rauen Gänsedistel
1 EL Distelöl
1 TL mittelscharfer Senf
1 TL Honig
1 TL Essig
2 EL Schmand

- Tomaten waschen, halbieren und entkernen. Die Kerne in ein Siebchen geben und den Saft auffangen. Den grünen Stielansatz entfernen und die Tomaten in dünne Streifen schneiden. In eine Schüssel geben, etwas salzen und ziehen lassen.
- In der Zwischenzeit die Gänsedistel-Blätter waschen, gut trockenschleudern und quer in feine Streifen schneiden. Tomatenkerne mit einem Löffel nochmal ausdrücken. Den Saft zusammen mit dem Saft, der durch das Salz aus den Tomaten ausgetreten ist, in einen Mixbecher oder ein Schraubglas geben. Distelöl, Senf, Honig, Essig, Schmand und Pfeffer dazugeben. Das Gefäß schließen und alles zu einem cremigen Dressing schütteln.
- Das Dressing abschmecken und zusammen mit den Distelblättern unter die Tomaten mischen und bald servieren.

Andere Wildpflanzen: Knopfkraut, Wegerich (quer zu den Blattadern schneiden)

Gänsedistel mit Borlotti-Bohnen

WEIßER GÄNSEFUß

CHENOPODIUM ALBUM

PIONIERGEIST IM GEMÜSEBEET

Das Laub des Weißen Gänsefußes wirkt wie bemehlt.

Wo der Boden frisch umgegraben wurde, etwa im Gemüsegarten, bei der Rasenneuanlage oder bei der Aussaat einer Blumenwiese, ist der Weiße Gänsefuß als Pionierpflanze sofort zur Stelle, und das nicht zu knapp. Am liebsten mag er nährstoffreiche Böden in der Sonne. Wie von Geisterhand gesät macht er sich auf der Fläche breit und bringt die Pflanzen, die man eigentlich haben wollte, in Bedrängnis.

Die Stängelblätter am hoch aufschießenden Blütenstand erinnern ein bisschen an Gänsefüße, daher der Name. Man erkennt das Kraut leicht an seinen mehlig bestäubten Blättern, besonders dann, wenn es erst eine Blattrosette gebildet hat. Überhaupt ist es eine eher blasse Erscheinung, auch die Blüten sind keine Prachtkerle. Es fällt daher schwer, den Gänsefuß gewähren zu lassen. Bei wenig Nährstoffen im Boden, etwa auf Ruderalflächen, bleibt die Pflanze recht klein, auf gut genährtem Untergrund kann sie meterhoch werden und dadurch kleinere Nachbarn verschatten.
Es gibt noch weitere, recht ähnliche Meldengewächse, z. B. die Spreizende Melde (*Atriplex patula*), sie tritt mit dem Weißen Gänsefuß oft gemeinsam am selben Standort auf. Essbar sind beide, wie auch der Gute Heinrich (*Chenopodium bonus-henricus*), der aber inzwischen recht selten geworden ist.

Erkennen

- Höhe 10–150 cm, Breite 20–50 cm
- unscheinbare Blüten in einem langgestreckten, verzweigten Blütenstand von Juli bis September
- schwarze Samen
- Blätter wechselständig, keilförmig wie ein Gänsefuß und gezähnt
- obere Stängelblätter schmal und ganzrandig
- Stängel grün gestreift oder rötlich überlaufen
- Laub von Jungpflanzen wie mit Mehl bestäubt, später nur noch die Blattunterseite
- aufrecht wachsend, im oberen Teil meist stark verzweigt
- einjährig

Loswerden ...

Die Meldengewächse sollten möglichst bald gejätet werden, bevor sie Samen bilden, sonst treten sie im Gemüsegarten bei jedem Umgraben immer wieder auf. Die Saat ist langlebig und kann auch nach vielen Jahren noch keimen, wenn sie wieder das Tageslicht erblickt. Das Herausziehen geht recht einfach. Auf Flächen, die nicht jedes Jahr bearbeitet werden, verschwinden die Pioniere von allein wieder.

... oder lieber nutzen

Der Weiße Gänsefuß und seine Verwandtschaft lassen sich alle in der Küche verwenden. Bevor der Blütenstand in die Höhe schießt, können die Pflanzen komplett gejätet und verwendet werden, später, ab etwa Mai, werden einzelne Blätter oder Triebe verwendet. Zarte Blätter sind eine gute Salatzutat, größere Blätter werden in Gemüsegerichten wie Spinat mitgekocht. Gesammelte Samen lassen sich im Winter ankeimen und die Sprossen roh oder gegart genießen.

BITTE BEACHTEN!

Weißen Gänsefuß nicht häufig und in großen Mengen verzehren, denn die Blätter und Triebspitzen haben eine leicht abführende Wirkung. Wegen der Oxalsäure und Saponine das Kochwasser wegschütten.

Die Blüten der Spreizenden Melde sind rot angehaucht.

GÄNSEFUSS-SALAT MIT RÄUCHERLACHS

Der Räucherlachs bringt die Würze in den Gänsefuß-Salat und die Süße des Senfs rundet die Vinaigrette wunderbar ab.

ZUBEREITUNGSZEIT: CA. 30 MIN.

ZUTATEN FÜR 2 PORTIONEN

2 Handvoll junge Blätter oder Triebspitzen vom Weißen Gänsefuß
2 Portionen Pflücksalat
1 Stück Salatgurke
4 Radieschen
2 Frühlingszwiebeln
etwas Dill
ein paar junge Borretschblätter
4 EL Olivenöl extra vergine
2 EL frischer Zitronensaft
1 TL süßer Senf
Salz, Pfeffer
100 g Räucherlachs in Scheiben

- Pflücksalat und Gänsefuß in angenehm große Stücke zerrupfen, die Gurke in sehr dünne Scheiben schneiden oder hobeln und locker mit den Blättern vermischen. Die Radieschen in feine Stifte schneiden, die Frühlingszwiebeln in feine Ringe. Dill und Borretsch fein schneiden.
- Öl, Zitronensaft, Senf, Salz, Pfeffer und etwas von den Kräutern zu einer Vinaigrette verschlagen. Gänsefuß, Pflücksalat und die dünnen Gurkenscheiben mit der Hälfte der Vinaigrette marinieren und auf zwei Tellern anrichten.
- Die Lachsscheiben in mundgerechte Stücke teilen und auf den Salaten anrichten. Radieschen und Frühlingszwiebeln darüberstreuen und die Salate mit der restlichen Vinaigrette beträufeln. Mit Kräutern und grob gemahlenem Pfeffer bestreuen.

Andere Wildpflanzen: Knopfkraut, Rainkohl, Scharbockskraut, Tellerkraut

GÄNSEFUSS-GORGONZOLA-PFANNKUCHEN

Der zarte Gänsefuß, der würzige Gorgonzola und die Mozzarellakruste machen aus einfachen Pfannkuchen eine köstliche Mahlzeit.

ZUBEREITUNGSZEIT: CA. 60 MIN.

ZUTATEN FÜR 8 PFANNKUCHEN

150 g Mehl
1 Prise Salz
250 ml Milch
2 Eier
Öl oder Butterschmalz
500 g Blätter oder junge Triebe vom Gänsefuß
1 kleine Zwiebel
2 EL Olivenöl
50–100 ml Gemüsebrühe
150 g Gorgonzola
evtl. etwas Speisestärke
Salz, Pfeffer, Muskatnuss
1 Mozzarella
Butter
1 Knoblauchzehe

- Mehl und Salz in einer Schüssel vermischen, dabei Mehlklümpchen zerdrücken. Die Milch unter Rühren langsam hineingießen. Teig glattrühren und dann die Eier kräftig unterschlagen. Den Teig 20 Min. ruhen lassen.
- Eine Pfanne erhitzen. Gänsefuß waschen und Zwiebel schälen und fein würfeln. Olivenöl in die heiße Pfanne geben und die Zwiebeln darin andünsten. Den Gänsefuß zugeben und zusammenfallen lassen. Etwas von der Brühe zugeben. Gorgonzola grob würfeln. Wenn die Flüssigkeit in der Pfanne fast aufgesogen ist, dazugeben und bei geringer Hitze schmelzen lassen. Sollte noch zu viel Flüssigkeit vorhanden sein, etwas Speisestärke in wenig kalter Brühe oder Wasser glattrühren, zugeben und kurz köcheln lassen. Mit Pfeffer und Muskatnuss würzen, nur bei Bedarf salzen.

Gänsefuß-Gorgonzola-Pfannkuchen

- Mozzarella in Scheiben schneiden.
- Den Backofen auf 175 °C Ober- und Unterhitze vorheizen.
- Eine beschichtete Pfanne (24 cm Ø) erhitzen. Wenig Öl oder Butterschmalz hineingeben und mit einem Pinsel verteilen. Den Pfannkuchenteig nochmal aufschlagen. Mit einer Schöpfkelle etwas in die Mitte der Pfanne geben und durch sofortiges Schwenken den Teig schnell verlaufen lassen. Bei mittlerer Hitze backen. Wenden, sobald die Unterseite sich leicht vom Boden löst. Alle Pfannkuchen backen und auf einem Teller stapeln.
- Eine eckige feuerfeste Form dünn mit Butter einfetten, die Knoblauchzehe schälen, durchschneiden und die Form damit ausreiben.
- Alle Pfannkuchen mit Gänsefuß-Gorgonzola füllen und mit der „offenen" Seite nach unten dicht an dicht in die Form legen. Den Mozzarella darauf verteilen und die Pfannkuchen 20–25 Min. überbacken, bis der Mozzarella gebräunt ist.

Andere Wildpflanzen: Beinwell, Brennnessel, Kohl-Gänsedistel, Giersch, Knopfkraut

GIERSCH

AEGOPODIUM PODAGRARIA

AB DURCH DIE HECKE

Eine Handvoll wilde Kräuter, in diesem Fall zarter Giersch.

Dieser dominante Doldenblütler ist mit allen Wassern gewaschen. Er wächst unter Sträuchern und Hecken, wagt sich aber durchaus auch in sonnige, nährstoffreiche Staudenbeete vor. Mit langen unterirdischen Ausläufern stößt er rasch auf Neuland, das er in rasender Geschwindigkeit vereinnahmt und in eine Monokultur verwandelt. Gemüsesämlinge oder zarte Stauden fühlen sich dann zurecht von ihm bedrängt und können unter seinen Bodendeckerqualitäten so sehr leiden, dass sie absterben. Der Giersch ist damit die Nemesis der Gärtner schlechthin und sicher der bekannteste aller Doldenblütler.

Wenn die heimische Staude blüht, kann sie durchaus zierend sein und am Heckensaum, etwa zur Straße hin, für eine dichte Randbepflanzung sorgen, die frei Bordsteinkante geliefert wird und vollkommen pflegeleicht ist. Die weißen Blüten sind bei Schwebfliegen und Schmetterlingen wie dem Landkärtchen beliebt und bringen Lichteffekte in den Schatten.

Erkennen

- Höhe 30–100 cm, Breite beliebig
- weiße Doldenblüten von Juni bis Juli
- Blätter unverkennbar dreizählig gefiedert mit gesägtem Rand, die Fiedern oft nochmals unterteilt, ähnlich wie ein Holunderblatt
- Blattstiel dreikantig
- kahler, kantiger Blütenstängel
- besiedelt nährstoffreiche Böden in der Sonne oder im Schatten
- treibt meterlange Ausläufer
- ausdauernd

Loswerden ...

Haben es erst wenige Vorboten in Ihren Garten geschafft, lässt sich die Pflanze noch aushungern, indem Sie die Blätter immer wieder abreißen. Jäten gelingt nur mit äußerster Vorsicht und großer Akribie, indem die Rhizome wie bei einer archäologischen Ausgrabung mit der Grabegabel freigelegt werden. Reißt der Ausläufer-Strang dabei

Junge Triebe des Gierschs: Ein feines Gemüse, besonders, wenn die Blüten noch ganz knospig sind.

ab, haben Sie den Giersch nur noch weiter vermehrt. Große Flächen lassen sich durch Abdecken mit lichtundurchlässiger Folie oder Pappe und mit viel Zeit gierschfrei bekommen. Einfacher sind konkurrierende, dicht wachsende Stauden wie der großblättrige Rauling (*Trachystemon orientalis*), Gilbweiderich oder Bärlauch. Letzterer hinterlässt allerdings nach dem Einziehen eine große leere Fläche.

... oder lieber nutzen

Betrachtet man den Giersch als Gemüse ohne Mühen, kann man sich schon fast wieder über sein lebensfrohes Wuchern freuen. Das erwähnte Aushungern durch Pflücken der Blätter macht nämlich viel mehr Spaß, wenn wir dabei satt werden: Vor allem die jungen Blätter sind vielseitig verwendbar. Sie schmecken roh ein bisschen wie Petersilie oder Sellerie und lassen sich im Salat oder als Pesto genießen. Gekocht sind sie spinatartig. Sie enthalten Vitamin C, Calcium, Carotin und Eisen. Auch die Blüten und Samen sind essbar.

GIERSCH-ZUCCHINI-GEMÜSE

Dieses schnelle Rezept räumt den würzigen und knackigen Stielen des Gierschs den wohlverdienten Platz in der Küche ein.

ZUBEREITUNGSZEIT: CA. 30 MIN.

ZUTATEN FÜR 2 PORTIONEN

150 g junge Gierschlätter mit möglichst langen Stielen
1 mittelgroßer Zucchino
2 EL Öl
3 kleine Zwiebeln
1 Knoblauch
frische Chilischote
Süße (z. B. Honig oder Zucker)
etwas Orangensaft
Salz, Pfeffer

- Giersch waschen, die Blattstiele abschneiden und in ca. 3 cm lange Stücke schneiden.
- Zucchini in etwa gleich lange, dünne Stifte schneiden, sodass die Garzeit etwa gleich ist wie für die Blattstiele.
- Eine Pfanne erhitzen, das Öl hineingeben. Zwiebel, Knoblauch und Chili fein würfeln und als erstes im erhitzten Öl angehen lassen.
- Dann Stiele und Zucchini zugeben, ca. 5 Min. andünsten, sodass die Stiele noch etwas Biss haben.
- Den Honig oder Zucker zugeben und etwas karamellisieren lassen. Mit Orangensaft ablöschen und kurz einköcheln lassen. Mit Salz und Pfeffer abschmecken.
- Giersch-Blätter grob zerkleinern und untermischen. Kurz mitgaren.

BAYERISCHER KARTOFFELSALAT MIT GIERSCH

Der petersilienähnliche Geschmack des Gierschs passt wunderbar zum bayerischen Kartoffelsalat.

ZUBEREITUNGSZEIT: CA. 35 MIN.
+ ZEIT ZUM DURCHZIEHEN

ZUTATEN FÜR 2 PORTIONEN

500 g festkochende Kartoffeln
1 Essiggurke + etwas von dem Gurkenwasser
1 rote Zwiebel
1 Handvoll junge Giersch-Blätter mit Stielen
100 ml heiße Brühe
2 EL Essig
Salz, Pfeffer
1 Prise Zucker
2 EL neutrales Öl (Raps- oder Distelöl)

- Kartoffeln ca. 20–25 Min. kochen.
- In der Zwischenzeit Essiggurke und Zwiebel fein würfeln. Giersch waschen, abschütteln, mit einem Küchentuch etwas trocknen und fein schneiden.
- Die garen Kartoffeln mit kaltem Wasser abschrecken und pellen. In Scheiben schneiden und direkt in die heiße Brühe geben. Essig, Gurkenwasser, Zwiebel, Essiggurke und den Giersch dazugeben und mit Pfeffer, Salz und Zucker würzen. Alles locker vermengen und durchziehen lassen.
- Das Öl erst vor dem Servieren untermengen und den Salat nochmals abschmecken.

Andere Wildpflanzen: Hirtentäschel, Wegrauke

Bayerischer Kartoffelsalat mit Giersch

WILDER FRÜHLINGS-FLAMMKUCHEN

Die würzigen Frühlingskräuter, die leckere Crème fraîche und der knusprige dünne Teig – ein unglaublicher Genuss, den man in einer guten dreiviertel Stunde backen kann. Ein leckeres Essen nach einem Frühlings-Spaziergang.

ZUBEREITUNGSZEIT: CA. 45 MIN.

ZUTATEN FÜR 2 PORTIONEN

220 g Mehl
3 EL Olivenöl
1 Eigelb
½ TL Salz
ca. 100 ml Wasser
200 g Crème fraîche
Salz, Pfeffer
2 Frühlingszwiebeln
1 Handvoll Wildkräuter (ca. 20–30 g; z. B. Gundermann, Giersch, Bärlauch, Schafgarbe, Sauerampfer, Löwenzahn, Knoblauchsrauke)
ca. 70 g dünn geschnittener Kochschinken

- Mehl, Olivenöl, Eigelb, Salz und Wasser in einer Schüssel zunächst mit dem Kochlöffel vermengen, dann auf der Arbeitsfläche kneten. Dabei immer wieder mit den Handballen über die Fläche schieben, so verbindet sich der Kleber des Mehls am besten. Eine halbe Stunde zugedeckt bei Zimmertemperatur ruhen lassen.
- Den Backofen auf 250 °C Ober- und Unterhitze vorheizen. Das Backblech fetten und mehlen.
- Crème fraîche mit Salz und Pfeffer gut würzen. Frühlingszwiebeln waschen und in nicht zu feine Röllchen schneiden. Wildkräuter waschen, mit einem Küchentuch trocknen.
- Nach der Ruhezeit den Teig auf einer bemehlten Arbeitsfläche dünn in ein Oval ausrollen, auf das Backblech legen und mit der Crème fraîche bestreichen. Die Frühlingszwiebeln darauf verteilen. Den Flammkuchen für 6–8 Min. bei 250 °C auf der mittleren Schiene backen.
- In der Zwischenzeit die Wildkräuter fein schneiden. Knoblauchsrauke getrennt von den anderen Kräutern beiseitelegen, denn sie kommt nach dem Backen auf den Flammkuchen. Den Flammkuchen herausnehmen und die Wildkräuter daraufstreuen.
- Schinken in grobe Stücke reißen und locker verteilen. Den Flammkuchen nun nochmals für 3–5 Min. backen, herausnehmen und die Knoblauchsrauke darauf verteilen. Den Flammkuchen am besten mit einem Pizzarad in Stücke schneiden und sofort servieren.

WUIDA KAS – WILDKRÄUTER-OBATZDA

Obatzda ist ein Muss auf den Brotzeitkarten bayerischer Biergärten. Dies hier ist nicht die klassische Variante mit Paprika, sondern eine wilde grüne, in die Sie alle Wild- und Unkräuter mischen können, die Sie zur Verfügung haben. So wird aus dem Obatzden ein „Wuida Kas", ein „Wilder Käse".

TIPP: ESSEN SIE DEN KÄSE AM TAG DER ZUBEREITUNG, DA DIE ZWIEBELN BITTER WERDEN, WENN SIE ZU LANGE STEHEN.

ZUBEREITUNGSZEIT: CA. 20 MIN.

ZUTATEN FÜR 4 PORTIONEN

200 g reifer Camembert
1–2 EL saure Sahne
1 Zwiebel
1 Knoblauchzehe
4 EL Wildkräuter (z. B. Dost, Gundermann, Giersch, Knoblauchsrauke)
Salz, Pfeffer

- Den Camembert auf einem Teller mit einer Gabel zerdrücken.
- Zwiebel und Knoblauch schälen, Zwiebel fein würfeln. Wildkräuter waschen, sehr gut trocknen und sehr fein schneiden.
- Alles zusammen mit dem Sauerrahm auf den Käse geben, den Knoblauch dazupressen. Den Käse salzen und pfeffern und alles mit der Gabel gut zerdrücken (zerbatzen) und vermischen.

KANADISCHE GOLDRUTE

SOLIDAGO CANADENSIS

WUCHERNDER INSEKTENMAGNET

Ein Bündel junger, dicker Goldrutentriebe.

Sie ist der Inbegriff von Hochsommer und ein echter Sonnenschein mit ihren gelben Blütenständen. Doch so schön sie auch ist, die unschuldig wirkende Staude verursacht viele Probleme.

Wie der Name sagt, stammt die Pflanze aus Nordamerika, von wo sie als Zierpflanze und Bienenweide nach Europa kam. Mit ihren Flugsamen hat sie ihre neue Heimat im Sturm erobert und ist aus den Gärten geflohen. Nun wächst sie wild in großen Kolonien an Bahndämmen, auf Ruderalflächen und Magerrasen und verdrängt dabei die angestammte Flora. Ihre unterirdischen Ausläufer helfen ihr dabei genauso wie die Unmengen an Samen, die eine Pflanze produzieren kann. So erreicht sie leicht neues Terrain und verteidigt das alte vehement durch vegetative Vermehrung. Wilde Vorkommen an jeder Ecke erleichtern der Goldrute die Ansiedlung im Garten, wo sie zarte Stauden durch ihre Größe beschatten und verdrängen kann, zumindest, wenn der Standort sonnig genug ist – Gebüsche und allzu schattige Bereiche behagen ihr nicht. Trockenheit verträgt die Goldrute gut.

Schwebfliegen, Tagfalter, Honig- und Wildbienen lieben die Blüten sehr, doch die Blätter rührt hierzulande kein Insekt an. Selbst Nacktschnecken mögen die Staude nicht.

Erkennen

- Höhe 50–200 cm, Breite durch Ausläufer variabel
- gelbe Blüten in langen Rispen von August bis Oktober
- jede Einzelblüte misst nur 5 mm im Durchmesser
- Blütenrispen bogenförmig
- Blätter wechselständig, schmal, zugespitzt, ganzrandig, im vorderen Teil leicht gesägt
- behaarter Stängel
- flauschige Fruchtstände mit Flugsamen, die lange über den Winter stehenbleiben
- bevorzugt magere oder nährstoffreiche Böden in der Sonne
- treibt Ausläufer
- ausdauernd

Loswerden …

Hat sich die Goldrute im Garten angesiedelt, ist es zunächst wichtig, die Blütenstände vor der Samenreife zu entfernen. Dazu braucht man noch nicht mal eine Schere, die Stängel brechen leicht. Die Ausläufer müssen regelmäßig mit dem Spaten ausgestochen werden. Es sollten keine Wurzelteile im Boden bleiben, aus denen die Pflanze wieder austreiben kann. In jedem Fall braucht man Geduld oder noch stärkere Nachbarstauden wie hohe Stauden-Sonnenblumen oder Herbstanemonen, um die Goldrute nachhaltig zu beeindrucken.

… oder lieber nutzen

Im Frühjahr schmecken die Triebspitzen (noch ohne Blüten) im Salat oder auch gekocht als Gemüsegericht. Die Stängel müssen dazu geschält werden, die Blätter werden entfernt. Der Geschmack ähnelt grünen Bohnen. Die Blüten lassen sich frisch als Tee zubereiten.

Die Goldrute ist außerdem eine alte Färberpflanze. Mit den Blüten lassen sich Naturfasern gelblich färben oder lichtechte Wasserfarbe zum Malen herstellen. Dazu werden die Blüten eingeweicht und dann aufgekocht.

GOLDRUTE GANZ HARMLOS **Haben Sie sich in die gelben Blütenrispen der Goldrute verliebt? Dann greifen Sie lieber zu Arten oder Sorten, die sich nicht stark ausbreiten und auch nicht in die Natur entkommen können, wie z. B. *Solidago rugosa* 'Fireworks', deren Name Programm ist, oder die Hybride 'Strahlenkrone'. Auch die einzige heimische Art, die Echte Goldrute (*Solidago virgaurea*), ist hübsch und mag magere Böden in der Sonne.**

BITTE BEACHTEN!

Die Goldrute sollte nicht in der Schwangerschaft verzehrt werden oder wenn Sie an Ödemen infolge eingeschränkter Herz- oder Nierentätigkeit und an chronischer Nierenentzündung leiden.

Filigran ist die goldgelbe Blüte der Goldrute.

GOLDRUTEN-GEMÜSE

Im Frühling treibt die Goldrute neu aus. Sammeln Sie möglichst dicke Triebe, denn sie müssen geschält werden.

ZUBEREITUNGSZEIT CA. 25 MIN.

ZUTATEN FÜR 4 PORTIONEN

20–40 möglichst dicke junge Goldrutentriebe, je nach Länge Salz

- Die Blätter der Triebe bis auf einige wenige an der Spitze abstreifen. Holzige Enden vollständig abschneiden. Die Schale von unten nach oben sorgfältig abziehen. Die zarte Spitze mit den Blättern abschneiden.
- Die Triebe in mundgerechte Stücke schneiden. Wasser zum Kochen bringen und salzen.
- Goldrutenstücke hineingeben und etwa 5–7 Min. bissfest kochen. Dann die Spitzen dazugeben und die Goldrute einige Minuten fertig garen. Die Garzeit beträgt ca. 10 Min., je nach Dicke der Goldrute.
- Das gegarte Gemüse herausnehmen, kurz abtropfen lassen und anrichten. Die Blattspitzen mit der Gabel dabei leicht eindrehen. Dazu passt die Gundermann-Butter von Seite 56.

GOLDRUTEBLÜTEN-EISTEE

An sommerlichen Gartentagen ist die Goldrute mit ihren großen gelben Blütenrispen eine willkommene Pflanze für einen köstlichen Tee. Genießen Sie ihn warm oder eisgekühlt.

ZUBEREITUNGSZEIT: CA. 10 MIN.
+ ZEIT ZUM ABKÜHLEN

ZUTATEN FÜR 1,5 LITER

1 l Wasser
1 mittelgroße Goldrute-Blütenrispe
500 ml Apfelsaft
1 Limette
auf Wunsch Birkenzucker (Xylit)

- Wasser aufkochen. Die Blätter von den Goldrute-Stängeln entfernen, die Blütenrispe in eine Teekanne geben und mit dem kochenden Wasser übergießen. 10–15 Min. ziehen und dann abkühlen lassen.
- Den Tee mit dem Apfelsaft und dem Saft der Limette mischen. Auf Wunsch mit Birkenzucker süßen. Der passt sehr gut zum Eistee, denn er fühlt sich im Mund kühl an.
- Mit Eiswürfeln servieren.

Goldruteblüten-Eistee

GUNDERMANN

GLECHOMA HEDERACEA

AROMA AM LAUFENDEN METER

Die rankenden Triebe vom Gundermann lassen sich leicht jäten – und in der Küche nutzen, am besten im Frühjahr.

Einen summenden, blau blühenden Teppich bildet der Gundermann im Frühling, so beliebt ist er bei Hummeln, Honig- und Pelzbienen, aber auch vielen Schmetterlingen. An warmen Plätzen blüht er besonders früh und ist die erste Nahrung für Insekten nach dem Winter. Leider bildet er aber Ausläufer, die wie am Schnürchen unter Sträuchern umherranken, Stauden umarmen und am Ende auch im Rasen wurzeln. Bei Bodenkontakt wachsen die Ranken gleich an und so kann der gewitzte Gundermann schnell ganze Quadratmeter für sich einnehmen. Besonders beliebt sind nährstoffreiche Böden, die gut mit Kompost versorgt sind, was auf Staudenbeete zutrifft.

Seine Qualitäten als Bodendecker stehen dem Efeu in nichts nach, weshalb die heimische Staude im englischsprachigen Raum „Ground Ivy“, also Boden-Efeu, genannt wird. Seine Blüten sind aber hübscher. Sie erheben sich aus dem Gewusel der rankenden Triebe und bilden kleine Kerzen, die nicht so dicht mit Blüten besetzt sind wie beim Kriechenden Günsel. Die langen Ranken, die sich auch bogenförmig über andere Pflanzen erheben, können kleinere Stauden oder Sämlinge von Gartenpflanzen unterdrücken. Dem Gundermann sind also beizeiten seine Grenzen aufzuzeigen, auch wenn er uns mit seinen Blüten noch so schöne Augen macht.

Erkennen

- Höhe 10–20 cm, Bodendecker
- hellblaue Lippenblüten von April bis Juli an aufrecht stehenden Trieben
- dunkelblauer Fleck auf der Unterlippe der Blüte
- Blätter rundlich-herzförmig mit gekerbtem Rand, deutlich hervortretenden Blattadern und würzigem Duft
- lange, rankende Ausläufer, die Wurzeln bilden
- mag einen nährstoffreichen, nicht zu trockenen Boden in der Sonne oder im Schatten
- ausdauernd

Die Blüten des Gundermanns verstecken sich im Gegensatz zum Kriechenden Günsel unter den Laubblättern.

Loswerden ...

Die Ranken gilt es zu packen und auszureißen, immerhin geben sie leicht nach. Wo sie einmal entfernt wurden, muss das Terrain durch neue Triebe erobert werden. Im Gegensatz zu Giersch oder Zaunwinde lohnt der Jäteeinsatz also und führt nicht zu noch mehr Pflanzen, weil Reste von Wurzeln im Boden verblieben sind. Allerdings wächst die Pflanze rasch nach, sodass mehrmals im Sommer gejätet werden muss.

... oder lieber nutzen

Die blauen Blüten sind essbar und dekorieren Salate und Teemischungen. Die duftenden Blätter, die unverwechselbar sind, ergeben einen herzhaft würzigen Geschmack. Selbst im Winter findet sich noch Laub. Es wird am besten im jungen Zustand geerntet, da das ältere Laub zäh wird. In Suppen, Aufläufen, Omeletts oder auch im Salat oder Kräuterquark kann der Gundermann den Ton angeben – sein Geschmack ist sehr dominant, was ihn zu einem der besten wilden Würzkräuter macht – und das am laufenden Meter.

GUNDERMANN-RAITA

Diese kühle, indische Sauce wird klassischerweise mit Minze gewürzt. Hier bringt der Gundermann seine harzige Note hinein.

ZUBEREITUNGSZEIT: CA. 15 MIN. + 1 STUNDE KÜHLZEIT

ZUTATEN FÜR 4 PORTIONEN

½ Salatgurke
einige Zweiglein Gundermann
einige Blättchen Minze
500 g Naturjoghurt
frisch gemahlener Pfeffer
etwas Chili (auf Wunsch)
½ TL Salz

- Die Gurke schälen, längs durchschneiden. Die Kerne entfernen und das Fruchtfleisch grob raspeln. Das Wasser etwas ausdrücken, damit die Raita nicht zu flüssig wird. Wenn der Gundermann Blüten hat, diese abzupfen und in einem geschlossenen Gefäß aufbewahren, damit sie nicht trocknen. Gundermann- und Minzeblätter fein schneiden.
- Gurke und Kräuter mit dem Joghurt vermischen und mit Pfeffer und wenn gewünscht Chili abschmecken. Eine Stunde im Kühlschrank durchziehen lassen.
- Erst kurz vor dem Servieren salzen und die Blüten darüberstreuen.

GUNDERMANN-ZITRONEN-BUTTER

Der Gundermann mit seinem harzig-würzigen Aroma gibt der frischen, cremigen Buttersauce ein unvergleichliches Aroma.

ZUBEREITUNGSZEIT: CA. 15 MIN.

ZUTATEN FÜR 4 PORTIONEN

100 g sehr kalte Butter
1 kleine Knoblauchzehe
1 Zitrone
1 Schuss Weißwein oder Sherry
1 gute Prise Zucker
Salz, weißer Pfeffer
einige kleinere Gundermann-Blättchen, auf Wunsch auch Blüten

- Einen kleinen Topf erhitzen, 1 EL von der Butter hineingeben. Knoblauch schälen, sehr fein schneiden und in der Butter andünsten.
- Die Zitrone auspressen. Zitronensaft, Wein bzw. Sherry und Zucker dazugeben. Die Sauce auf die Hälfte einköcheln.
- Zum Abbinden die restliche kalte Butter stückchenweise z. B. mit einem Schneebesen unterschlagen. Die Sauce darf nicht mehr kochen.
- Mit Salz und frisch gemahlenem weißen Pfeffer abschmecken. Die Gundermann-Blättchen hineingeben. Kurz durchziehen lassen.

Gundermann-Zitronen-Butter

GEWÖHNLICHES HIRTENTÄSCHEL

CAPSELLA BURSA-PASTORIS

KLEINE PFLANZE MIT HERZ

Ein schönes Hirtentäschel-Exemplar mit Blütentrieb.

Das Hirtentäschel wirkt klein und harmlos und versucht uns mit niedlichen, herzförmigen Schötchen um den Finger zu wickeln, die an die Taschen von Hirten erinnern sollen, daher der Name. Dabei ist es durchaus eine ernst zu nehmende Konkurrenz in Gemüsekulturen. Säen wir eine bunte Blumenwiese aus, mogelt es sich zielsicher als Partycrasher unter die geladenen Gäste. Die kleine Pflanze ist unglaublich fruchtbar und kann im Jahr mehrere Generationen aus Samen bilden. Das Kraut liebt die Sonne und bevorzugt nährstoffreiche Böden. Verwechseln kann man es nur mit dem ebenfalls essbaren Acker-Hellerkraut.

Erkennen

- Höhe 5–40 cm, Breite 20 cm
- weiße Kreuzblüten, nur 3 mm lang, fast ganzjährig
- Pflanze unverzweigt, trägt oben eine Blütentraube, während unten die Schoten reifen
- Früchte dreieckig-herzförmig
- Blattrosette bodennah mit schmalem, fiederspaltigem Laub
- obere Blätter schmal und stängelumfassend
- tief wurzelnd
- einjährig oder zweijährig

Loswerden …

Die Blattrosetten sollten gejätet werden, bevor das Kraut in die Samenproduktion einsteigt. Hat es schon geblüht, kann man die Stängel abschneiden und so die weitere Vermehrung unterbinden.

… oder lieber nutzen

Die Blätter schmecken kresseähnlich. Sie können im Frühling als Salatbeigabe oder wie Spinat verwendet werden. Die Wurzel ist essbar und erinnert im Geschmack an Ingwer.

BITTE BEACHTEN!

Hirtentäschel nicht in der Schwangerschaft verzehren. Es kann vorzeitige Wehen auslösen.

MATJESSALAT AUF HIRTENTÄSCHEL

Die Schärfe des Hirtentäschels passt wunderbar zu dem salzigen Hering. Genießen Sie den Matjessalat kühl als deftig-frisches Abendbrot oder planen Sie ihn als Vorspeise für ein geselliges Abendessen mit Gästen ein, denn er lässt sich gut vorbereiten.

ZUBEREITUNGSZEIT: 30 MIN. + ZEIT ZUM DURCHZIEHEN

ZUTATEN FÜR 2 PORTIONEN

2 Matjesfilets
1 rote Zwiebel
1 Stück Gurke
1 Gewürzgurke
1 kleine reife, aber feste Birne
½ Bund Schnittlauch
2 Handvoll junge Hirtentäschel, gerne mit jungen Trieben
2 EL Weißwein-Essig
2 EL Zitronensaft
½ TL Zucker oder Honig
2 EL Meerrettich, frisch gerieben oder aus dem Glas
schwarzer grober Pfeffer aus der Mühle
3 EL Olivenöl
Salz
1 kleiner Kopf Radicchio

- Die Matjesfilets in kleine Würfel schneiden. Zwiebel, Gurke, Gewürzgurke und Birne schälen, Kernhaus der Birne herausschneiden. Alles so fein wie die Matjesfilets würfeln. Schnittlauch in feine Ringe schneiden. Hirtentäschel waschen und die zarten Stängel der Triebe fein schneiden, die knospigen Spitzen ganz lassen, einige Spitzen zum Dekorieren aufheben, die Rosetten zunächst beiseitelegen. Alles andere in einer Schüssel gut miteinander vermischen.
- Für die Vinaigrette Essig, Zitronensaft, Zucker oder Honig, Meerrettich und Pfeffer gut miteinander verrühren. Das Öl langsam hineinlaufen lassen und alles mit einer Gabel zu einer cremigen Vinaigrette verschlagen. Das Matjestatar mit zwei Dritteln der Vinaigrette marinieren und durchziehen lassen.
- Radicchio-Kopf waschen, abtrocknen, längs halbieren, den bitteren Keil entfernen und dann quer in Streifen schneiden.
- Hirtentäschel und Radicchio vermischen, die restliche Vinaigrette etwas salzen und nochmal abschmecken. Den Salat damit marinieren und dann auf Tellern anrichten.
- Den Matjessalat nochmal durchmischen und abschmecken. Je eine Portion in ein kleines Glas geben und auf das Salatbett stürzen. Mit den Hirtentäschelspitzen dekorieren.

Andere Wildpflanzen: Knoblauchsrauke, Wegrauke

ECHTER HOPFEN

HUMULUS LUPULUS

RANKENDE NERVENSÄGE

Hopfentrieb auf dem Weg zum Licht.

Der heimische Hopfen ist eine kletternde Staude, die weder Höhenangst noch Berührungsängste kennt: Sie rankt meterhoch in Bäume, Sträucher oder Hecken, ringt Stauden nieder oder erstickt Rosen unter einem dichten Blättermantel. Ob absichtlich wegen seines attraktiven Laubes in den Garten gepflanzt oder von sich aus zugewandert: Der Hopfen ist nicht leicht zu zähmen. Möchte man die Sträucher aus seinen Griffen befreien, braucht es Kampfeswillen und Ausdauer. In Windeseile kommen neue Triebe aus dem Boden, wild in alle Richtungen wachsend. Ausläufer machen es zusätzlich schwer, der Pflanze Herr zu werden. Zum Glück stirbt der Hopfen im Herbst oberirdisch ab und muss im Frühjahr wieder von vorne anfangen. Als winterliche Strafarbeit bleibt also, die vertrockneten Strünke aus den Sträuchern zu wickeln, wenn man im Sommer zu nachsichtig mit ihm war.

Dekorativ ist er mit ausreichendem Sicherheitsabstand zu anderen Pflanzen und mit Wurzelsperre z. B. an einem Rosenbogen. Die Staude ist zweihäusig, also mit getrenntgeschlechtlichen Blüten auf männlichen und weiblichen Pflanzen. Zum Bierbrauen werden ausschließlich die weiblichen Pflanzen kultiviert – im Handel ist auch nur das schönere Geschlecht erhältlich.

Einige Schmetterlinge wie der C-Falter nutzen die Blätter zur Eiablage. Der Hopfen-Wurzelbohrer, ein hübscher Nachtfalter, frisst sich als Raupe durch die Wurzeln, und ist so ein Verbündeter hopfengeplagter Gärtner.

Erkennen

- Höhe 200–600 cm, Breite 200–400 cm
- grünliche Blüten von Juni bis September, bei männlichen Pflanzen in einer unscheinbaren Rispe, beim Weibchen in typisch zapfenartiger Form
- Stängel rau behaart, rankt rechtswindend an anderen Pflanzen empor
- weinähnliches Laub, drei- bis fünflappig
- besiedelt trockene wie feuchtere Böden in Sonne oder Halbschatten
- treibt Ausläufer
- Staude, die im Winter oberirdisch abstirbt

Frisch geerntete Hopfenspitzen in bester Qualität.

Loswerden ...

Hopfen bildet ein weitreichendes Wurzelsystem, sodass es nicht leicht ist, eine ältere Pflanze wieder loszuwerden. Mit dem Spaten erreicht man fast nichts, die beste Strategie ist das Aushungern: Geduldiges Entfernen von jeglichem Neuaustrieb auf Bodenhöhe lässt die Pflanze mit der Zeit ermüden. Jungpflanzen fallen leicht durch ihre Ranken auf und sollten schnell gejätet werden.

... oder lieber nutzen

Die jungen bodennahen Triebe und der Hopfenspargel sind im Frühjahr eine echte Delikatesse und in keinem Supermarkt zu finden. Hat der Hopfenspargel 10–25 cm Länge erreicht, kann man ihn leicht abbrechen. Er lässt sich anbraten oder blanchieren und peppt Gemüsegerichte auf. Aber auch die Hopfenspitzen, also die zarten Spitzen der jungen Ranken, schmecken ganz wunderbar.

Ein Tee aus den weiblichen Blüten wirkt beruhigend, wenige Zapfen sind ausreichend und sie sollten nur kurz ziehen, sonst wird das Getränk unangenehm bitter.

HOPFENSPITZEN-SALAT MIT BIER-DRESSING

Was passt besser zu den Hopfenspitzen als ein würziges Dressing mit Bier?

ZUBEREITUNGSZEIT: CA. 30 MIN.

ZUTATEN FÜR 4 KLEINE ODER 2 GROSSE PORTIONEN

200 ml Malzbier (oder dunkles Bier und etwas Honig)
2 Handvoll (ca. 80 g) junge Hopfensprossen oder -spitzen
1 Karotte
100 g Feldsalat
1 EL süßer Senf
2 EL Weißwein-Essig
1 EL Zitronensaft
4 EL Olivenöl extra vergine
Salz, Pfeffer

- Malzbier in einen Topf gießen, bei mittlerer Hitze auf etwa die Hälfte dickflüssig einkochen und dann abkühlen lassen.
- Einen Topf mit wenig Wasser aufsetzen. Hopfen waschen, feste Stängelabschnitte abschneiden. Einige kleine Blättchen abzupfen und beiseitelegen. Das kochende Wasser salzen und die Spitzen darin etwa 3–5 Min. köcheln. Sie sollen noch etwas Biss haben.
- Karotte waschen, schälen und in möglichst lange, sehr dünne Streifen (Julienne) schneiden. Den gegarten Hopfen herausnehmen und zum Abtropfen in ein Sieb legen. Feldsalat putzen, waschen und trockenschleudern.
- Für die Vinaigrette das eingedickte Bier mit Senf, Weißwein-Essig, Zitronensaft, Öl, Salz und Pfeffer verrühren. Gut abschmecken und auf Wunsch etwas von dem Kochwasser dazugeben.
- Feldsalat auf Tellern anrichten, Hopfen und Karottenstreifen miteinander vermengen, auf den Salat geben und die Vinaigrette über den Salat träufeln. Mit den jungen Hopfenblättern garnieren.

SPAGHETTI MIT HOPFENSPITZEN (SPAGHETTI CON BRUSCANDOLI)

In einigen Regionen Italiens kocht man im Frühjahr köstliche Gerichte mit den „Bruscandoli“, was „Pinselchen“ bedeutet.

ZUBEREITUNGSZEIT: CA. 40 MIN.

ZUTATEN FÜR 1–2 PORTIONEN

ca. 120 g junge zarte Hopfensprosse oder -spitzen
2–3 EL Butter
1 TL Olivenöl extra vergine
weißer Pfeffer
ca. 125 ml Brühe
100 g Spaghetti
Parmesan

- Faserige Enden von den Hopfenspitzen abschneiden und die zarten Teile in ca. 5 cm lange Stücke schneiden.
- Nudelwasser aufsetzen.
- Eine Pfanne erhitzen. 2 EL Butter und das Olivenöl hineingeben. Die sprudelnde Butter mit etwas frisch gemahlenem, weißem Pfeffer würzen, die Hopfenspitzen hineingeben und einige Minuten anbraten. Die Brühe zu den Hopfenspitzen geben, einen Deckel auflegen und 10–15 Min. köcheln lassen.
- Das kochende Nudelwasser salzen und die Spaghetti hineingeben.
- Gegen Ende der Kochzeit für eine leichte Bindung etwas von dem Nudelwasser zu den Hopfenspitzen geben und alles noch etwas einköcheln lassen.
- Zum Schluss noch ca. 1 TL kalte Butter unterrühren. Bei Bedarf salzen und die garen Spaghetti untermengen.
- Die „Spaghetti con Bruscandoli" anrichten. Etwas Olivenöl, frisch geriebenen Parmesan und weißen Pfeffer darübergeben. Buon appetito!

Spaghetti mit Hopfenspitzen

HUFLATTICH

TUSSILAGO FARFARA

PHOENIX AUS DER BAUSTELLE

Auch auf trockenem Boden bietet uns der Huflattich saftige Blätter an.

HEILMITTEL **Als Hustenmittel und Entzündungshemmer war der Huflattich früher ein gerngesehenes Heilkraut. Ein Tee aus den Blättern wirkt schleimlösend.**

Wie Phönix aus der Asche erscheinen die gelben Blüten des Huflattichs als erste Frühlingsboten im zeitigen Frühjahr, umgeben von den vertrockneten und ergrauten Blättern des Vorjahres. Neue Blätter leistet sich die Staude erst während der Samenbildung, sodass die Bühne frei ist für die leuchtenden Korbblüten. Insekten sind dankbar für das frühe Angebot an Nektar und Pollen, wenn ansonsten noch nicht viel blüht: Bienen, Schwebfliegen und Tagfalter wie Kleiner Fuchs und Zitronenfalter lieben den Huflattich.

Er zeigt staunassen, wechselfeuchten oder verdichteten Boden an. Als Rohbodenpionier ist er ein Glücksritter: Wo er an Baustellen, Wegrändern, in Pflasterfugen oder im Gemüsegarten offenen, am besten lehmigen Boden vorfindet, reist er mit Hilfe seiner Flugsamen an und übernimmt in Windeseile die botanische Erstausstattung.

Als Gartenbesitzer steht man dem Kraut meistens skeptisch gegenüber, sobald die großen Blätter erscheinen, die durchaus das Zeug zum Bodendecker haben. Gemüsesämlinge oder zarte Pflanzen verdrängt die Staude ganz erfolgreich, was man ihr beim Anblick der kleinen Blüten noch nicht zutraut. Am Fuße einer Mauer oder an anderen schwer zu begrünenden Standorten kann der Huflattich aber eine willkommene Bereicherung darstellen.

Erkennen

- Höhe 10–30 cm, Bodendecker
- gelbe Korbblüten von Februar bis April bevor die Blätter erscheinen
- Blütenstängel mit grünen oder braunen Schuppen besetzt
- Fruchtstand ähnlich Löwenzahn mit Flugsamen
- 10–20 cm breite Laubblätter in Huf- oder Herzform mit gezähntem Rand
- Blattunterseite filzig behaart
- Blattoberseite anfangs ebenfalls mit weiß-filzigem Belag, der sich abwischen lässt
- treibt Ausläufer
- ausdauernd

Loswerden ...

Jäten ist wenig erfolgversprechend, wenn die Pflanze erst einmal eingewachsen ist, da sie tief wurzelt und jede Zerkleinerung der Rhizome beim Umgraben sie nur noch mehr fördert. Am besten funktioniert der Verdrängungswettbewerb: Andere großblättrige oder hohe Stauden wie Herbstanemonen oder Rhabarber nehmen dem Huflattich das Licht. So ist es auch in der Natur: Nur wenige Standorte bleiben für die spontane Staude lang erhalten, meistens werden sie schnell durch Weidengebüsch überwachsen. Im schlimmsten Fall müssen Sie Ihren zukünftigen Gemüsegarten erst einmal mit lichtundurchlässiger Folie abdecken, bis dem hartnäckigen Huflattich die Puste ausgeht.

BITTE BEACHTEN!

Da die Pflanze giftige Pyrrolizidinalkaloide enthält, sollte das Kraut nur in Maßen genossen werden. Nicht in der Schwangerschaft und Stillzeit verzehren.

... oder lieber nutzen

Ernten Sie die jungen Blätter von Mai bis Juni, die Blütenknospen im März/April. Bis September ist eine Verwendung der größeren Blätter möglich, z. B. für Rouladen oder um Grillgut damit einzuwickeln.

Ein geselliges Grüppchen Huflattichknospen.

FRÜHLINGS-FRITTATA MIT HUFLATTICH-KNOSPEN

Sammeln Sie für die Frittata die noch fest geschlossenen Knospen mit Stängeln, denn diese sind am saftigsten.

ZUBEREITUNGSZEIT: CA. 30 MIN.

ZUTATEN FÜR 2 PORTIONEN

50 g Huflattich-Knospen mit Stängeln
100 g Lauchzwiebeln
1 Knoblauchzehe
20 g Butter
1 EL Olivenöl
4 Eier
2 EL Milch
1 EL Semmelbrösel
Salz, Pfeffer

- Eine nicht-haftende Pfanne erhitzen. Längere Stiele der Huflattichknospen einmal durchschneiden. Gewaschene Knospen zum Trocknen in ein Küchentuch einschlagen. Lauchzwiebeln putzen, das Grüne in feine Streifen schneiden, das Weiße in grobe Stücke. Knoblauchzehe schälen und auf einen Zahnstocher spießen, damit man sie leicht herausnehmen kann.
- Butter in der Pfanne schmelzen und das Olivenöl dazugeben. Den Knoblauch hineingeben und kurz im heißen Fett schwenken. Frühlingszwiebeln dazugeben und nach 2–3 Min. die Huflattichknospen. Kurz weitergaren, dabei mehrmals rühren.
- Eier in eine Schüssel aufschlagen, Milch und Semmelbrösel dazugeben und alles gut vermengen. Kräftig salzen und pfeffern. Knoblauchzehe aus der Pfanne nehmen. Die Eier auf das Gemüse geben und alles vermischen.
- Zugedeckt auf mittlerer Hitze garen lassen bis die Eiermasse gestockt und die Unterseite gebräunt ist (5–7 Min.). Die Frittata mit einem Teller oder einem flachen Deckel wenden und auch die Unterseite bräunen lassen.

GRIECHISCHE HUFLATTICH-DOLMADES

Die Blätter des Huflattichs eignen sich zum Füllen ebenso gut wie die bekannten Weinblätter und sind mindestens so schmackhaft.

ZUBEREITUNGSZEIT: 30 MIN. + 45 MIN. GARZEIT

ZUTATEN FÜR CA. 30 DOLMADES

30–35 etwa handgroße Huflattich-Blätter
2 Tomaten
1 Zwiebel
einige Stängel Dill
500 g Hackfleisch
150 g Reis
ca. 100 ml Olivenöl
2 EL Zitronensaft
Salz, Pfeffer

- Etwa 1 l Wasser zum Kochen bringen.
- Stiele der Huflattichblätter am Blattansatz abschneiden und den restlichen Ansatz flachdrücken. Die Blätter gut waschen. Kurz im kochenden Wasser blanchieren, herausnehmen und abtropfen lassen.
- Tomaten kurz in das kochende Wasser tauchen, häuten, halbieren, den grünen Ansatz ausschneiden und fein würfeln.
- Zwiebel schälen und sehr fein würfeln, Dill waschen und fein schneiden.
- Hackfleisch, den ungekochten Reis, Zwiebeln, Dill, Tomaten, 2 EL Olivenöl, den Zitronensaft, Salz und Pfeffer vermengen. Kräftig abschmecken. Einen Topf mit Huflattich-Blättern auslegen, damit die Röllchen nicht am Boden kleben.
- Ein Blatt mit der Unterseite nach oben auf die Arbeitsfläche legen und ca. 1 EL von der Hackfleischmasse daraufgeben. Schlagen Sie zuerst den unteren Teil vom Blatt (Blattbasis) über das Hackfleisch, falten Sie dann die Seiten darüber und rollen zuletzt das Blatt zur Spitze hinauf.
- Das Röllchen mit der Blattspitze nach unten in den Topf legen. Alle anderen Blätter ebenso

Griechische Huflattich-Dolmades

füllen und die Röllchen dicht an dicht in mehreren Schichten in den Topf legen. Die Röllchen knapp mit Wasser bedecken, das Öl dazugeben und etwas salzen.

- Die Dolmades mit einem Deckel beschweren, der kleiner ist als der Topf, damit die Röllchen sich beim Aufkochen nicht lockern. Kurz aufkochen lassen und dann den Deckel entfernen. Den passenden Deckel auflegen und die Dolmades etwa 35 Min. leicht köcheln lassen. Noch etwas nachquellen lassen. Die Röllchen herausnehmen und abtropfen lassen.

KNOBLAUCHSRAUKE

ALLIARIA PETIOLATA

KLEINER STINKER UND GROẞER SCHMETTERLINGSFREUND

Eine schöne Ernte im Februar – Knoblauchsrauke-Pflanzen mit kräftigen Wurzeln.

Die weiß blühende Knoblauchsrauke wächst im Garten gern an Gehölzrändern. Sie mag nährstoffreiche Böden, wo sie zur Hochform aufläuft. An mageren Standorten ist sie dagegen zwergenhaft und nur ein Schatten ihrer selbst – uns dient sie damit als Indikator, wie es um den Nährstoffgehalt des Bodens steht. Die heimische Pflanze sieht im Frühjahr adrett, kompakt und ganz appetitlich aus. Reibt man an den Blättern, gibt sie sich mit einem Geruch nach Knoblauch zu erkennen.

Im Frühsommer entwickelt sich ein antennenartiges Gebilde aus vielen Schoten, das sich in die Höhe streckt und unseren Ordnungssinn stört. Doch gerade jetzt sollte man der zweijährigen Pflanze ihren Platz im Garten nicht streitig machen, denn die grünen Raupen des Aurorafalters fressen erst die Blüten und später die reifenden Schoten. Vom Laub ernähren sich die Larven vom Grünader-Weißling. Die Blüten sind bei Faltern äußerst beliebt, wie Aurorafalter oder Landkärtchen.

Nach der Samenreife stirbt die Knoblauchsrauke meist ab, dank reichlicher Aussaat erscheinen aber schon bald die ersten Sämlinge, die überwintern. Obwohl die Samen wenig mobil wirken, legen sie im Garten doch große Strecken zurück. In milden Wintern bilden die Blätter einen guten Bodendecker, der das Erdreich vor Erosion und dem Auswaschen von Nährstoffen schützt.

Erkennen

- Höhe 20–100 cm, Breite 20–30 cm
- weiße Kreuzblüten von April bis Juli
- unermüdlich erscheinen neue Blüten, während stängelabwärts schon Schoten wachsen (siehe Foto Seite 5)
- austreibende Grundblätter im März zunächst nierenförmig und abgerundet, später erscheinende Blätter spitz zulaufend, dreieckig und gezähnt, dabei wechselständig angeordnet

Wie auf einer Perlenschnur aufgereiht liegen die Samen in den Schoten.

- Blätter geben beim Zerreiben einen unverkennbaren Knoblauchgeruch ab
- viele grüne, später braune, dünne Schoten reifen an einem langgestreckten Fruchtstand
- Pfahlwurzel
- meist zweijährig, selten ausdauernd

Loswerden …

Die Knoblauchsrauke lässt sich in jedem Stadium leicht herausreißen. Sie treibt keine Ausläufer und stirbt nach der Samenreife sowieso meist ab.

… oder lieber nutzen

Die ganze Pflanze ist essbar: Junge Blätter schmecken würzig nach Knoblauch und Kresse und lassen sich roh im Kräuterquark oder im Salat verwenden. Gekocht verschwindet das Knoblaucharoma, daher empfiehlt sich, wenn überhaupt, nur eine kurze Garzeit. Die Wurzeln haben eine meerrettichähnliche Schärfe. Die Blätter und sogar ganze Triebe können auch in Essig eingelegt werden, wo sie Aroma abgeben. Die Samen eignen sich als Würze, Pfefferersatz oder zur Senfherstellung. Zur Deko auf dem Teller dienen Blüten und Schoten.

KARTOFFELN MIT KNOBLAUCHSRAUKE-SAMEN

Knusprig und scharf schmecken die gerösteten Samen der Knoblauchsrauke. Sie verwandeln einfache Kartoffeln in eine Delikatesse.

ZUBEREITUNGSZEIT: CA. 30 MIN.

ZUTATEN FÜR 4 PORTIONEN

800 g kleine vorwiegend festkochende Kartoffeln
2–3 EL Samen von der Knoblauchsrauke
Salzwasser
2 EL Butter
1 Knoblauchzehe auf Wunsch
Fleur de Sel oder grobes Salz

- Kartoffeln schälen und mit den Knoblauchsrauke-Samen in einen Topf geben. Mit Wasser aufgießen, sodass die Kartoffeln gerade so bedeckt sind, gut salzen und gar kochen (15–20 Min.). Die Kartoffeln in ein Sieb abgießen, mit allen Samen zurück in den Topf geben und bei ausgeschalteter Platte auf dem Herd stehen lassen, bis die ganze Flüssigkeit verdampft ist. Das lässt sich gut vorbereiten.
- Vor dem Servieren die Butter in einer Pfanne zerlassen, Knoblauchzehe halbieren, kurz anrösten und herausnehmen. Kartoffeln mit den Samen in der aromatisierten Butter rundherum goldgelb braten. Mit Fleur de Sel oder anderem grobem Salz bestreuen.

SCHARFE KNOBLAUCHSRAUKE-SAHNE

Die Wurzeln der Knoblauchsrauke schmecken fast wie Meerrettich. Die Blättchen bringen Knoblaucharoma und eine bittere Note mit.

ZUBEREITUNGSZEIT: CA. 20 MIN.

ZUTATEN FÜR 2 PORTIONEN

1 Handvoll Knoblauchsraukewurzeln mit einigen Blättern
100 ml gut gekühlte Sahne
1 kleine Knoblauchzehe
Salz, Pfeffer

- Knoblauchsrauke gut waschen, Wurzeln unter fließendem Wasser aneinander reiben oder abbürsten. Mit einem Küchentuch trocknen.
- Sahne steif schlagen. Die Blätter von den Trieben abschneiden und einige kleine Blätter beiseitelegen. Die anderen Blätter sehr fein schneiden und unter die Sahne mengen.
- Den zarten Teil der Wurzeln abschneiden und klein schneiden. Knoblauch schälen und grob hacken. Beides zusammen mit Salz in einen Mörser geben, fein zerreiben und locker unter die Sahne mischen. Mit Salz und Pfeffer abschmecken. Beim Anrichten mit den ganzen Blättchen garnieren.

Andere Wildpflanzen: Hirtentäschel, deren junge Wurzeln ebenfalls scharf sind, allerdings mit einem Anklang an Ingwer

Kartoffeln mit Knoblauchsrauke-Samen

TIPP: IM FRÜHLING FRISCHE KNOBLAUCHSRAUKE-BLÄTTER IN FEINE STREIFEN SCHNEIDEN UND NACH DEM ANRICHTEN DARÜBERSTREUEN.

KLEINBLÜTIGES UND BEHAARTES KNOPFKRAUT

GALINSOGA PARVIFLORA, G. CILIATA

UNSCHEINBARE PFLANZEN MIT SÜDAMERIKANISCHEM TEMPERAMENT

Das Knopfkraut drängt sich hier zwischen Roter Bete empor und überragt sie schon.

Wenn die hübschen Blüten doch nur ein bisschen größer wären, würde das Kleinblütige Knopfkraut im Garten herzlich willkommen geheißen, immerhin hat es eine so lange Blütezeit, dass es die meisten Gartenpflanzen locker übertrumpft. Seine weißen Zungenblüten sind jedoch sehr minimalistisch angelegt.

Da die Pflanze, die aus Südamerika stammt, einjährig ist, kann sie äußerst verschwenderisch mit Ressourcen umgehen, anstatt in eine überwinternde Speicherwurzel zu investieren. So bescheiden sich seine kleinen Blüten auch geben, auf nährstoffreichen Böden produziert das Kleinblütige Knopfkraut, auch Franzosenkraut genannt, Unmengen an Samen. Es wächst aber auch an mageren Standorten, wie in Pflasterfugen. Ist der Sommer warm und feucht genug, keimen sie sofort und eifern der Mutterpflanze nach – eine sommerliche Siesta kennen sie nicht. Unter schlechten Bedingungen überwintern die Samen und starten im nächsten Jahr durch.

In großen Kübeln, Pflasterfugen und in Gemüsekulturen kann das Knopfkraut lästig werden, da es kleine Nachbarpflanzen arg bedrängt und ihnen Nährstoffe streitig macht. Große Pflanzen lassen sich von ihm aber nicht stören. Die weißen Blüten mit orangefarbenem Zentrum zeigen oft enttäuschend wenig Insektenbesuch, in blütenreichen Gärten werden sie aber gern von kleinen Wildbienen, z. B. von Furchenbienen, besucht.

Sehr ähnlich und ebenso ausbreitungswütig ist das Behaarte Knopfkraut, das ebenfalls aus Südamerika importiert wurde. Wie der Name sagt, sind seine Blätter deutlich behaart, während das Kleinblütige Knopfkraut nahezu kahl ist.

Erkennen

- Höhe 20–60 cm, Breite 20–40 cm
- weiße Korbblüten mit 5 Zungenblüten und gelber Mitte aus Röhrenblüten von Juni bis zum Frost
- gegenständige Laubblätter, die in einer Spitze auslaufen und am Rand leicht gezähnt sind
- Stängel und Blätter beim Kleinblütigen Knopfkraut im Gegensatz zum Behaarten kahl, nur die Blütenstängel weisen feine Haare auf
- einjährig, kann während des Sommers zwei oder auch mehr Generationen hervorbringen
- nicht frosthart, die Samen überwintern

Loswerden ...

Aufgrund der legendären Fruchtbarkeit des Knopfkrauts sollten Jungpflanzen schon vor der Samenreife gejätet werden. Als Lichtkeimer mag es gehackten Boden und verschwindet aus unbearbeiteten Staudenrabatten mit der Zeit.

... oder lieber nutzen

In seiner Heimat wird das Knopfkraut schon lange als Gemüse genutzt, bei uns muss es noch entdeckt werden. Junge Blätter lassen sich wie Spinat nutzen. Roh würzen sie den Salat, gekocht Suppen und Eintöpfe. Auch dem Kompost tut es gut, solange es keine Samen trägt.

Die unscheinbaren Blüten haben fünf winzige Zungenblüten.

GURKENGEMÜSE MIT KNOPFKRAUT

Wenn die Gurken im Garten reifen, kann auch das Knopfkraut geerntet werden. Zusammen ergeben sie ein mildes Sommergemüse.

ZUBEREITUNGSZEIT: CA. 15 MIN.

ZUTATEN FÜR 2 PORTIONEN

1 Gartengurke
1 Handvoll junge Knopfkraut-Triebe
2–3 Frühlingszwiebeln
30 g Butter
1 EL Zitronensaft
Salz, weißer Pfeffer

- Gurke waschen, schälen, längs halbieren und die Kerne mit einem Löffel herausschaben. Gurkenhälften in mundgerechte Würfel schneiden. Knopfkraut waschen, festere Stängel entfernen und alles klein schneiden. Frühlingszwiebeln putzen und in feine Ringe schneiden.
- Butter erhitzen und Zwiebeln darin kurz dünsten, Gurkenwürfel, Knopfkraut und etwas Wasser hinzugeben und zugedeckt etwa 10 Min. schmoren lassen. Mit Zitronensaft, Salz und Pfeffer abschmecken.

Andere Wildpflanzen: Beinwell, Gänsedistel, Nachtkerze

TIPP: WERFEN SIE DIE GURKENKERNE NICHT WEG. SOLANGE SIE JUNG UND ZART SIND, KÖNNEN SIE SIE EINFACH WEGNASCHEN.

GEFÜLLTE TOMATE MIT QUINOA UND KNOPFKRAUT

Drei Kinder der Neuen Welt, Tomate, Quinoa und Knopfkraut, finden sich hier zu einem sommerlichen Gericht zusammen.

ZUBEREITUNGSZEIT: CA. 45 MIN.

ZUTATEN FÜR 4 PORTIONEN

8 mittelgroße reife Tomaten mit grünem Stielansatz
etwas Gemüsebrühe
Salz
Zucker
150 g Quinoa
4 Handvoll junge Knopfkraut-Triebe
2–3 EL Sonnenblumenöl
2 Schalotten
2–3 Stängel Petersilie
250 g Fetakäse
Limettensaft
1 TL Rosa Pfeffer (Früchte des peruanischen Pfefferbaumes)
Chili
etwas flüssiger Honig

- Wasser zum Kochen bringen, Tomaten waschen und die Schale an der Unterseite kreuzweise einschneiden. Etwa 5 Sekunden in das kochende Wasser geben. Herausnehmen und die Haut von den Einschnitten her abziehen. Den grünen Stielansatz dranlassen. Das obere Viertel der Tomaten abschneiden. Die Tomaten mit einem Kugelausstecher oder Löffel aushöhlen. Das ausgehöhlte Fruchtfleisch in einen Mixbecher geben, mit Gemüsebrühe oder Wasser auf 400 ml auffüllen und pürieren. Mit Salz und Zucker abschmecken.
- Quinoa gut waschen und mit 250 ml der Tomatenbrühe aufsetzen. Aufkochen lassen und ca. 15 Min. leise köcheln lassen. Dann ausschalten und ausquellen lassen.

Gefüllte Tomate mit Quinoa und Knopfkraut

- Knopfkraut waschen. Die Blätter und Blüten abzupfen, getrennt beiseitelegen. Zarte Stängel fein schneiden, holzige entfernen.
- 2 EL Öl in einem Topf erhitzen. Schalotten schälen, fein würfeln und zusammen mit den gehackten Stängeln im Öl anschwitzen. Die Blätter klein schneiden. Die restliche Tomatenflüssigkeit angießen, die Blätter dazugeben und kurz durchdünsten.
- Backofen auf 180 °C Ober- und Unterhitze vorheizen.
- Petersilie fein schneiden und zusammen mit den Knopfkrautblättern und -blüten unter den Quinoa mischen. Den Käse zerbröseln, gut die Hälfte davon locker unter den Quinoa mischen. Mit Salz, Limettensaft, Rosa Pfeffer und Chili abschmecken.
- Die ausgehöhlten Tomaten mit Salz und Öl würzen und mit der Quinoamasse füllen. In eine Auflaufform geben, den restlichen Käse darauf verteilen und mit etwas Honig beträufeln.
- Im Ofen 10 Min. durchgaren und dann den Grill dazuschalten. Wenn der Käse gebräunt ist, herausnehmen. Die Tomatendeckel leicht ölen, salzen und aufsetzen.

Andere Wildpflanzen: Beinwell, Brennnessel, Gänsedistel, Nachtkerze, Wegerich

KLETTEN-LABKRAUT

GALIUM APARINE

ANHÄNGLICHER KLETTERER

Der junge Austrieb im Frühjahr wirkt noch zierlich. Die Laubblätter sind feinsäuberlich um den Stängel herum angeordnet.

Wenn es noch klein ist, kann man es für einen Waldmeister halten, doch schon bald tut die Pflanze das, was selbst ein gestandener Waldmeister nicht kann: Sie streckt sich und klettert in andere Pflanzen hinein, hängt sich in Zäune oder überwallt Mauern. Unverkennbar sind die kugelrunden anhänglichen Früchte, die sich an Gärtnern und Gartentieren festhalten und per Anhalter zu neuen Gefilden aufbrechen. Wenn Sie das Kletten-Labkraut im Garten finden, können Sie sich zu einem stickstoffreichen Lehmboden gratulieren. Es besiedelt halbschattige Gebüschränder ebenso wie sonnige Gartenzäune und Gemüsegärten. Wo es nicht stört, kann es die Raupen vom Taubenschwänzchen ernähren.

Erkennen

- Höhe 40–150 cm, Breite 50 cm
- winzige weiße Blüten von Mai bis September
- Blätter in Quirlen um den Stängel herum angeordnet, ganze Pflanze borstig
- Früchte rötlich, in kugeligen Pärchen heranreifend, mit Haken besetzt, sodass sie an Kleidung haften bleiben
- Pflanze mit Hilfe von Borsten kletternd
- ein- und zweijährige Formen

Loswerden ...

Das Kraut muss frühzeitig herausgerissen oder weggehackt werden, am besten vor der Samenreife, da man sonst zum unfreiwilligen Kurier wird.

... oder lieber nutzen

Die Blätter und ganzen Triebe sind essbar und schmecken in der Suppe, im Auflauf oder in der Gemüsepfanne.

BLUMENKOHL-COUSCOUS MIT KLETTEN-LABKRAUT

Über viele Monate kann man die saftigen Triebe des Kletten-Labkrautes ernten, ja sogar im Winter. In diesem orientalischen Blumenkohlgericht sind sie das wilde Tüpfelchen auf dem i. Das Wildeste an ihm, die borstigen Häkchen, werden durch das Garen allerdings ganz weich.

ZUBEREITUNGSZEIT: 40 MIN.

ZUTATEN FÜR 4 PORTIONEN

500 g Blumenkohl
100 g Lauch (nur das Weiße)
1 Zwiebel
2 Knoblauchzehen
etwas Chilischote
1 gute Handvoll junges Kletten-Labkraut (40–50 g)
2 EL Kokosfett
½ TL zerstoßene Fenchelsamen
½ TL Kurkuma
1–2 TL Curry
½ Granatapfel
Salz, Pfeffer
Saft von ½ Zitrone

- Blumenkohl putzen, in grobe Stücke schneiden und im elektrischen Zerkleinerer oder mit einem großen Messer fein hacken, sodass es wie Couscous aussieht. Den zarten Strunk mitverwenden. Lauch längs achteln und in Stückchen schneiden. Zwiebel und Knoblauch schälen und fein würfeln, Chilischote fein hacken. Das gewaschene Labkraut in etwa 1 cm lange Stücke schneiden.
- 1 EL des Kokosfetts in einer großen Pfanne oder einem Wok erhitzen. Knoblauch und Zwiebel darin braten, bis sie glasig sind. Fenchelsamen, Chili und Lauch nun 5–8 Min. mitbraten. Nochmal 1 EL Kokosfett dazugeben, Kurkuma und Curry kurz mit anrösten. Dann den Blumenkohl und das Kletten-Labkraut 5–7 Min. mitgaren.
- Zwischenzeitlich den Granatapfel entkernen und die Kerne unter den fertigen Blumenkohl-Couscous mischen. Mit Salz, Pfeffer und Zitronensaft abschmecken.

Andere Wildpflanzen: Brennnessel, zarte Spitzen der Goldrute, Knopfkraut, junges Wiesen-Labkraut, Vogelmiere

GEWÖHNLICHER LÖWENZAHN

TARAXACUM OFFICINALE

VOM WINDE VERWEHT

Eine prächtige Löwenzahnpflanze für den Kochtopf.

Er ist bekannt wie ein bunter Hund. Seine gelben Blüten leuchten im Frühjahr in Massen auf nährstoffreichen Wiesen, später sind die Fruchtstände als Pusteblumen ein beliebtes Spielzeug. Im Garten jedoch möchte den Löwenzahn niemand haben, schon gar nicht im Rasen, wo er sich mit seiner Pfahlwurzel siegessicher in der Tiefe verschanzt und nur mit Mühe zu jäten ist. Dem Rasenmäher entgehen die Blätter, indem er sich tief in die Grasnarbe duckt. Er wächst aber nicht nur auf gut gedüngten Rasenflächen, sondern nimmt mit jedem Boden vorlieb, nur halbwegs sonnig soll es bitte sein. So sprießt er auch in Pflasterfugen, Blumenbeeten oder an Wegrändern.

Mit Hilfe seiner ausgefeilten Flugsamen erreicht der Löwenzahn mit Leichtigkeit jede Gartenecke. Wo er nicht stört, ist er mit seinen gelben Blüten aber durchaus attraktiv. Honig- und zahlreiche Wildbienen sowie Schmetterlinge tanken an ihm gern Nektar, so kann man im Frühjahr den Zitronenfalter mit ihm anlocken. Finken und Sperlinge knabbern gern die Samen, bevor sich die Pusteblume voll entfaltet hat und die Saat auf und davon ist.

Erkennen

- Höhe 5–40 cm, Breite 20–60 cm
- gelbe Korbblüten, bestehend aus vielen Zungenblüten, von April bis Juli
- jedes Blütenkörbchen einzeln auf einem hohlen Stängel stehend
- nachts oder bei Regen wird das Blütenkörbchen geschlossen
- Blattrosette mit tief gelappten oder eingeschnittenen, 10–30 cm langen Blättern
- im Rasen wachsen die Blätter flach am Boden, ist die Pflanze ungestört, halten sie sich aufrecht
- kugeliger Fruchtstand mit Flugsamen
- Pfahlwurzel
- Pflanze Milchsaft führend
- Staude

LÖWENZAHN BLEICHEN

Mit dem Unkrautstecher einige Pflanzen komplett ausgraben und dicht an dicht in einen Kübel mit Blumenerde oder ins Hochbeet setzen. Damit kein Licht an die Blätter gelangt, wird ein Eimer darübergestülpt. Nach kurzer Zeit ist das Laub gelblich geworden und mild im Geschmack.

Zarte Löwenzahnblätter, perfekt für einen Salat.

BITTE BEACHTEN!

Bei Verzehr von großen Mengen Löwenzahn kann der Magen gereizt werden. Der Milchsaft kann gelegentlich Kontaktallergien verursachen. Nicht bei Gallenwegs- und Darmproblemen verzehren.

Loswerden …

Jungpflanzen lassen sich noch leicht von Hand jäten. Ältere Exemplare müssen möglichst mit der kompletten Pfahlwurzel entfernt werden, sonst treiben sie immer wieder aus. Hilfreich dabei ist ein Unkrautstecher, der mit seiner schmalen Klinge nur geringe Schäden an den Beeten oder dem Rasen anrichtet, die Wurzel aber komplett aussticht.

… oder lieber nutzen

Die Blätter werden trotz ihres leicht bitteren Geschmacks, der an Chicorée erinnert, als Salatzutat geschätzt. Milder sind junge Blätter. Die Blütenknospen können wie Kapern eingelegt werden, die gelben Blütenköpfe sind eine hübsche Dekoration in Salaten. Selbst die Wurzel ist essbar und kann im Winterhalbjahr roh oder gekocht verwendet werden. Besonders delikat ist die ganze Pflanze vor der Blüte.

LÖWENZAHNSALAT MIT EI UND KNOBLAUCH-CROUTONS

Ernten Sie die Blätter vor der Blüte, dann sind sie milder. Zupfen Sie kleine Knospen ab und mischen Sie sie unter den Salat.

ZUBEREITUNGSZEIT: CA. 30 MIN.

ZUTATEN FÜR 4 PORTIONEN

50 g Butter
1 Knoblauchzehe
8 Scheiben Baguette
4 Eier
etwas Schnittlauch
4 EL Weißwein-Essig
6 EL Öl
½ TL mittelscharfer Senf
1 Prise Zucker
Salz, Pfeffer
4 Handvoll junge Löwenzahnblätter

- Ofen auf 180 °C Ober- und Unterhitze vorheizen.
- Eine große Pfanne erhitzen, die Butter darin schmelzen. Den Knoblauch schälen und fein hacken, dazugeben und 1 Minute dünsten. Das Brot in Würfel schneiden, in die Pfanne geben und gut mit der Knoblauchbutter vermischen. Auf einem Backblech ausbreiten und ca. 15 Min. backen, bis die Croutons knusprig und trocken sind. Abkühlen lassen.
- Eier hart kochen (10 Min.) und warmhalten.
- Schnittlauch waschen und fein schneiden. Zusammen mit Essig, Öl, Senf, Zucker, Salz und Pfeffer zu einer cremigen Vinaigrette mixen.
- Die Löwenzahnblätter mit der Hälfte der Vinaigrette marinieren und auf 4 Tellern anrichten. Die noch warmen Eier in Scheiben schneiden und darüber verteilen, die restliche Vinaigrette darüberträufeln. Die Croutons auf den Salaten verteilen. Pfeffer grob darübermahlen.

Andere Wildpflanzen: Rainkohl, Scharbockskraut, Tellerkraut, Wegrauke

LÖWENZAHN-ANTIPASTI MIT BACON

Gekocht sind die Löwenzahnpflanzen mild und cremig, ein köstlicher Kontrast zum knusprigen Speck.

ZUBEREITUNGSZEIT: CA. 30 MIN.

ZUTATEN FÜR 4 PORTIONEN

500 g ganze Löwenzahn-Pflanzen vor der Blüte
100 g dünn geschnittenen durchwachsenen Frühstücksspeck (Bacon)
Salz, Pfeffer
Balsamico-Essig

- Die Wurzeln bis auf ein ganz kurzes Stück von den Pflanzen abschneiden und die dunkle Haut der verbleibenden Wurzel abkratzen. Die äußeren älteren und beschädigte Blätter entfernen. Die Pflanzen unter fließendem Wasser waschen, sie dabei etwas öffnen, um Sand und Erde aus dem Inneren zu entfernen. Dabei können Sie die Knospen sehen, die die Pflanze bereits entwickelt hat. Größere Pflanzen evtl. vorsichtig in mehrere Teile auseinanderbrechen.
- Wenig Wasser aufkochen, salzen und die Löwenzahnpflanzen darin 5–6 Min. köcheln.
- Mit einer Gabel oder einer Zange aus dem Topf holen und zum Abtropfen in ein Sieb geben.
- Eine Pfanne erhitzen. Speckscheiben halbieren oder dritteln und knusprig braten. Währenddessen, die Löwenzahnpflanzen am besten mit einer Zange einzeln aus dem Sieb nehmen und auf einem Teller nestartig aufgewickelt anrichten. Mit Balsamico-Essig beträufeln, salzen, pfeffern und je eine knusprige Speckscheibe darauflegen. Das Bratfett vom Speck darüberträufeln.

Löwenzahn-Antipasti mit Bacon

GEWÖHNLICHE NACHTKERZE

OENOTHERA BIENNIS

LATE-NIGHT-SHOW FÜR NACHTFALTER

Nachtkerzen sind imposante Pflanzen mit Zierwert.

Die Nachtkerze ist eines der schönsten nordamerikanischen Importprodukte und macht sich schon seit Jahrhunderten in Europa breit. Ihre Blütenstände sind eine stattliche Erscheinung und eigentlich kaum zu übersehen, wäre da nicht die Tatsache, dass sich die großen gelben Blüten erst abends öffnen und tagsüber verwelken. So wirkt die zweijährige Pflanze, die im ersten Jahr nur eine Pfahlwurzel und eine Blattrosette ausbildet, gegen Nachmittag etwas verlottert.

An Sommerabenden findet die große Show statt, wenn sich die nächsten Blüten für das Nachtleben bereit machen und sich so schnell öffnen, dass man dabei zuschauen kann. Die Kundschaft sind Nachtfalter, morgens werden die dann noch geöffneten Blüten von der Frühschicht der Honigbienen und Hummeln besucht. Der Nachtkerzenpollen zieht dabei Fäden wie an Spinnfäden aufgehängt, sodass die Blütenbesucher eine gelbe Schleppe hinter sich herziehen.

Die Pflanze wird nur an sonnigen bis halbschattigen Standorten glücklich. Daher wächst sie auf frisch bearbeiteten Böden, an Wegrändern und auf Ruderalflächen. Sie verträgt Trockenheit und magere Standorte.

Die vielen Samen führen zu reichlicher Selbstaussaat, wenn sie nicht vorher von Stieglitzen gefressen werden. Mit Glück kann man die Raupen des Nachtkerzenschwärmers und des Mittleren Weinschwärmers an den Blütenständen finden. Nachtkerzen dürfen nicht mit den zweijährigen Königskerzen verwechselt werden, die viel kleinere, dicht stehende Blüten haben und stets den ganzen Tag über blühen. Außerdem sind die Blätter der gelb blühenden Königskerzen oft stark behaart.

Erkennen

- Höhe 50–200 cm, Breite 20–50 cm
- gelbe, duftende Blüten an einem meist wenig verzweigten Blütenstand von Juni bis September
- Blüten öffnen sich abends und verwelken im Laufe des nächsten Tages

Am Gartentor wartet die Nachtkerze darauf, geerntet zu werde.

- im Verblühen färben sich die Blütenblätter orange
- reifende Kapselfrüchte oben wie abgeschnitten wirkend, mit 4 Narben, dicht am Stängel sitzend
- Samen ab September reif, Samenkapsel dann braun und der Länge nach aufreißend
- Grundblätter schmal und ganzrandig mit hellem Mittelnerv, eine Rosette bildend
- Stängelblätter wechselständig
- Pfahlwurzel
- zweijährig

Loswerden ...

Zu jeder Zeit lassen sich die Pflanzen leicht entfernen, ältere Exemplare werden am besten mit dem Spaten gehoben. Die Nachtkerze hat aber einen so hohen Zierwert und Nutzen für die Tierwelt, dass man sie nicht komplett aus dem Garten verbannen sollte. Wo sie stören, kann man junge Pflanzen noch gut ausgraben und woanders wieder einsetzen.

... oder lieber nutzen

Die Wurzel der Nachtkerze lässt sich wie Pastinake oder Schwarzwurzel zubereiten. Auch im Geschmack erinnert sie gekocht an die Schwarzwurzel, roh ist sie dagegen würzig scharf. Da sie sich beim Kochen rötlich färbt, wird die Nachtkerze auch Schinkenwurzel genannt. Der optimale Erntezeitpunkt liegt dabei im Winterhalbjahr, wenn die Blattrosette sich vollständig ausgebildet hat und der Blütenstand noch nicht entwickelt ist. Die Blätter können im Frühjahr als Salat gegessen oder wie Spinat gekocht werden. Die Blütenknospen schmecken ebenfalls im Salat. Die Samen sind ab Spätsommer reif und können als Sesamersatz zu Brotteig gegeben werden. Andere Nachtkerzenarten sind ebenso nutzbar.

KRÄCKER MIT NACHTKERZEN-SAMEN

Die kleinen Nachtkerzen-Samen machen die mürben Kräcker noch knuspriger. Backen Sie gleich mehr, denn hier besteht Suchtgefahr!

ZUBEREITUNGSZEIT: CA. 30 MIN.

ZUTATEN FÜR 2 BLECHE

300 g Mehl
½ TL Salz
ca. 140 ml Wasser
70 g Olivenöl extra vergine
3 EL Nachtkerzen-Samen

- Mehl und Salz in eine große Schüssel sieben. Eine Mulde hineindrücken, Wasser und Öl hineingeben und alles zu einem glatten Teig verkneten. Die Nachtkerzen-Samen auf ein Backbrett oder eine andere trockene Arbeitsfläche streuen. Den Teig darauf gut kneten und dabei die Samen einarbeiten. Zwei Kugeln formen und mit einer Schüssel abdecken. 10 Min. ruhen lassen.
- Den Ofen auf 180 °C Ober- und Unterhitze vorheizen. Ein Backblech mit Olivenöl einfetten.
- Eine Teigkugel ca. 1–2 mm dick ausrollen, auf das Backblech legen und mit einem Pizza- oder einem gezackten Teigrad in rechteckige Kräcker schneiden.
- 10–15 Min. im vorgeheizten Ofen auf der mittleren Schiene backen. Die Kräcker sollen nur leicht gebräunt sein, dann schmecken sie am besten. Aus dem Ofen nehmen und zum Auskühlen auf ein Kuchengitter rutschen lassen. Die zweite Hälfte des Teiges ebenso verarbeiten.
- Die Kräcker schmecken frisch oder können in einem geschlossenen Gefäß, am besten in einer Blechdose, aufbewahrt werden.

Andere Wildpflanzen: Brennnessel-Samen, Knoblauchsrauke-Samen

NACHTKERZEN-WURZELN UND PILZE IN ROTWEINSAUCE

Dieses französische Rezept verwandelt die wilden Nachtkerzenwurzeln in eine delikate Beilage.

ZUBEREITUNGSZEIT: CA. 25 MIN.

ZUTATEN FÜR 2 PORTIONEN

200 g Nachtkerzen-Wurzeln
200 g junge kleine Champignons
1 Knoblauchzehe
1 EL Butter
1 kleiner Zweig Rosmarin
ca. 200 ml guter Rotwein
Salz, Pfeffer
¼ TL Speisestärke

- Nachtkerzen-Wurzeln waschen, schälen, dickere Wurzeln evtl. halbieren und in Scheiben schneiden. In Salzwasser ca. 5 Min. bissfest kochen. In der Zwischenzeit die Champignons putzen und in Scheiben schneiden. Die Knoblauchzehe schälen und halbieren. Die Wurzeln abgießen.
- Eine Pfanne erhitzen und die Butter schmelzen. Knoblauchzehe kurz darin anschwitzen lassen und herausnehmen. Rosmarin und Champignons in die Butter geben und 5 Min. durchgaren. Dann die Wurzelscheiben hineingeben und alles kurz zusammen garen lassen. Mit dem Wein aufgießen. Leicht salzen und pfeffern. Auf die Hälfte der Flüssigkeit einkochen lassen.
- Speisestärke in wenig Wasser auflösen und zunächst die Hälfte in die Sauce geben. Unter Rühren aufkochen lassen. Nur wenn nötig noch mehr Stärke zugeben. Die Sauce mit Salz und Pfeffer nochmals abschmecken.

Andere Wildpflanzen: Löwenzahn-Wurzeln

Kräcker mit Nachtkerzen-Samen (passen zum roten Pesto mit Dost von S. 28)

WILDES GOMASIO

Die Samen von Brennnessel, Nachtkerze und Knoblauchsrauke verwildern das japanische Gewürz, das traditionell nur Sesamsamen enthält.

ZUBEREITUNGSZEIT: 25 MIN.

ZUTATEN

2 Teile Brennnessel-Samen
2 Teile Knoblauchsrauke-Samen
2 Teile Nachtkerzen-Samen
2 Teile Sesam-Samen
1–1,5 Teile gutes Salz

- Die Samen nacheinander in einer Pfanne vorsichtig anrösten, auskühlen lassen und dann miteinander in einem Mixer oder Mörser zerkleinern. Das Salz anrösten und untermengen.

KÜRBIS-HUMMUS MIT WILDEM GOMASIO

Ein orientalischer Klassiker für jeden Tag, dem die wilden Samen den besonderen Kick verleihen.

ZUBEREITUNGSZEIT: CA. 30 MIN.

ZUTATEN FÜR 6 PORTIONEN

200 g Hokkaido-Kürbis
1 Dose Kichererbsen (400 g)
1–2 Knoblauchzehen
Saft einer Zitrone
50 g Sesammus (Tahin)
3–4 EL Olivenöl extra vergine
3–4 TL wildes Gomasio
kaltes Wasser
Salz

- Backofen auf 200 °C Umluft vorheizen. Kürbis halbieren und entkernen. Die gewünschte Menge in Spalten von einem halben Zentimeter schneiden und auf ein Backblech verteilen. Etwa 20 Min. backen bis der Kürbis weich ist. Die Kürbisspalten zwischendurch wenden, nach dem Backen auskühlen lassen und grob zerkleinern.
- Kichererbsen abgießen, Knoblauch schälen und grob schneiden.
- Zunächst etwas von dem Zitronensaft, Sesammus, Öl und Knoblauch mixen. Kürbis, Kichererbsen, wildes Gomasio und etwas Wasser zugeben und alles zu einer cremigen Masse pürieren. Bei Bedarf weiteres Wasser zugeben. Der Hummus soll so weich sein, dass er gut mit Brot vom Teller „aufgewischt“ werden kann. Das fertige Kürbis-Hummus nochmal mit Salz, wildem Gomasio und Zitronensaft abschmecken.
- Portionsweise auf Teller streichen und mit Öl

2 Handvoll (ca. 60 g) gemischte Winter-Wildkräuter (z. B. Wegrauke, Hirtentäschel, Kletten-Labkraut, Vogelmiere), gerne auch die Blüten
1 Zwiebel
1 Knoblauchzehe
2–4 EL Butter
1 guter Schuss Milch oder Sahne
frisch gemahlener Pfeffer

- Gut 1 EL Butter in einer Pfanne erhitzen, Zwiebel und Knoblauch darin glasig garen. Dann die gehackten Wildkräuter dazugeben und 5–10 Min. mitgaren bis sie zusammenfallen. Probieren Sie, wann der Gargrad für Sie passt.
- Die Kartoffeln abgießen, kurz mit kaltem Wasser abschrecken und pellen. In große Stücke schneiden und in den warmen Topf zurücklegen. 1–2 EL Butter und einen guten Schuss Milch oder Sahne dazugeben und stampfen. Geben Sie auf Wunsch noch Butter und Milch dazu, bis Ihnen die Konsistenz gefällt. Dann die Wildkräuter untermischen. Mit Salz und frisch gemahlenem Pfeffer abschmecken.

Andere Wildpflanzen: Dieses Rezept können Sie zu allen Jahreszeiten mit den Wildpflanzen zubereiten, die Ihnen schmecken.

ECHTE NELKENWURZ

GEUM URBANUM

SCHLICHTES KRAUT MIT VERBORGENEN TALENTEN

Die Nelkenwurz hat unscheinbare Blüten, aber eine lange Blütezeit.

Die Echte Nelkenwurz ist eine heimische Staude und liebt nährstoffreiche Böden am Gehölzrand, besiedelt aber auch Beete im Halbschatten oder lichten Schatten. Ihre gelben Blüten sind leider recht klein geraten, auch als Bienenmagnet versagt sie meist, kann aber hübschen Schwebfliegen oder kleinen Käfern mit ihren offenen Blüten Nektar liefern. Aufmerksamkeit erregt sie dagegen auf andere Weise: Ihre Samen heften sich an der Kleidung an und reisen so durch den ganzen Garten. Ein weiteres Talent liegt im Verborgenen: Die Wurzeln duften beim Reiben oder Zerhacken nach Gewürznelken.

Erkennen

- Höhe 30–120 cm, Breite 30 cm
- gelbe Blüten von Mai bis September
- fünf Blütenblätter, zwischen denen die Spitzen der grünen Kelchblätter deutlich hervorragen
- kugeliger Fruchtstand mit hakenförmigen Griffeln, die an der Kleidung haften
- Grundblätter unregelmäßig gefiedert, in einer dichten Rosette
- Stängelblätter dreigeteilt
- ausdauernd

Loswerden ...

Gegen Versamung die Fruchtstände rechtzeitig entfernen. Ist das Malheur doch passiert, lassen sich Sämlinge noch mit der Hand jäten, ältere Pflanzen muss man mit dem Spaten aus dem Boden heben.

... oder lieber nutzen

Die Wurzeln lassen sich getrocknet oder frisch zum Würzen verwenden, z. B. für Eintöpfe oder Marmelade. Junge Blätter schmecken im Salat, ältere müssen klein geschnitten werden. Das Laub ist ganzjährig zu finden. Die Blüten dienen in Salaten als Dekoration.

KARAMELLISIERTER APFEL MIT NELKENWURZ

Herbstäpfel mit Nelkenwurz sind ein Dreamteam zu Vanillepudding und Milchreis, aber auch zu Ente oder Leber.

ZUBEREITUNGSZEIT: CA. 20 MIN.

ZUTATEN FÜR 2 PORTIONEN

1 säuerlicher Äpfel (z. B. Boskoop)
30 g Zucker
etwas Zitronensaft
ca. 100 ml Weißwein oder Wasser
1–2 Prisen Nelkenwurz-Pulver
wenig Zimt
wenig Salz
20 g kalte Butter

- Apfel schälen, vierteln und das Kerngehäuse entfernen. Jedes Viertel in 3 dünnere Spalten schneiden.
- Zucker in der Pfanne bei mittlerer Hitze schmelzen und karamellisieren lassen. Mit Zitronensaft ablöschen. Apfelspalten hineinlegen, mit dem Weißwein oder Wasser angießen. Mit 1–2 Prisen Nelkenwurz-Pulver und jeweils sehr wenig Zimt und Salz würzen. Sanft dünsten, bis die Apfelspalten gar sind, aber noch nicht zerfallen. Dabei vorsichtig rühren, damit festes Karamell sich auflöst.
- Abschließend kalte Butterflocken zur Bindung unterrühren.

NELKENWURZ-PULVER: **Das Grün von den geernteten Wurzeln abschneiden und die Wurzeln gut waschen. Ausbreiten und bei Zimmertemperatur oder an einem warmen Ort trocknen lassen. Mit einem Dörrgerät geht es deutlich schneller. Die gewünschte Menge mit einer Kaffeemühle oder einer kleinen Küchenmaschine mahlen.**

GEWÖHNLICHER RAINKOHL

LAPSANA COMMUNIS

ASCHENPUTTEL IM SCHATTEN

Blattrosette in einem Steingarten zusammen mit Stinkendem Storchschnabel.

Nur eine Mutter kann den Gewöhnlichen Rainkohl lieben, denn seine Blüten sind unscheinbar und seine Gestalt ist schlaksig. Er liebt nährstoffreiche Böden und kommt gut mit Schatten zurecht. Daher schleicht er sich im Garten in die Hecken und Gebüsche, wo er darauf hofft, dass er mit seinem schlichten Äußeren einfach übersehen wird. Bei berufstätigen Gartenbesitzern wird er noch länger unentdeckt bleiben, da seine Blüten ab Mittag geschlossen haben und das Kraut nach Feierabend ohne seine gelben Blüten noch besser getarnt ist.

Die heimische Pflanze ist einjährig, nur ausnahmsweise zweijährig oder ausdauernd, und stirbt nach der Samenreife meist ab. Je nach Nährstoffangebot kann seine Größe stark variieren. In seiner kurzen Lebenszeit blüht der Rainkohl unermüdlich und bringt Massen an Samen hervor, die sich hauptsächlich mit dem Wind verbreiten. Oft trifft er auf die Knoblauchsrauke und die Echte Nelkenwurz. Obwohl die Blüten im Dunkel der umgebenden Sträucher Signalwirkung haben müssten, sind sie nicht gerade als beste Bienenweide bekannt. Insektenbesuch beschränkt sich auf Wildbienen oder Schwebfliegen.

Erkennen

- Höhe 30–100 cm, Breite 20 cm
- gelbe Korbblüten von Juni bis September, ausschließlich aus wenigen Zungenblüten bestehend, die nur vormittags geöffnet sind
- jede Zungenblüte an ihrem Ende mit 5 Zähnchen
- Blütenkörbchen in einer lockeren Rispe; an einer Pflanze können viele dieser Rispen auftreten
- Samen flugfähig, ähnlich Löwenzahn
- Grundblätter zunächst in einer Rosette, mit kleinen seitlichen Fiederblättern
- obere Stängelblätter ungefiedert, mit gesägtem Rand
- aufrecht wachsend
- Pflanze Milchsaft führend
- ein- oder zweijährig

Die spartanischen Blüten haben nur bis Mittag geöffnet, sie bestehen ausschließlich aus Zungenblüten.

Loswerden ...

Besteht die Pflanze nur aus einer Blattrosette, muss sie mit der Schaufel gehoben werden. Wächst der Blütenstand schon, reicht es, an ihm zu ziehen, und schon ist der Rainkohl gejätet. Die Blütenstände sollten vor der Samenreife abgeschnitten werden.

... oder lieber nutzen

So unscheinbar der Rainkohl auch aussieht, kulinarisch ist er eine Wucht: Junge Blätter lassen sich wie Spinat zubereiten. Sie bereichern auch Salate, Gemüseaufläufe oder Suppen. Geerntet werden sie in der Zeit von April bis Juni, später werden sie zu zäh. Der Geschmack erinnert an Löwenzahn. Auch die Blüten sind essbar, sowohl als Knospe als auch gerade aufgeblüht. Sie dekorieren Salate.

RAINKOHL-MUFFINS MIT FETA

Im Frühling oder Herbst ist der Rainkohl an halbschattigen Plätzen überall zu finden. Er bildet oft schöne große Rosetten und ist so schnell geerntet.

ZUBEREITUNGSZEIT: CA. 40 MIN. + BACKZEIT

ZUTATEN FÜR CA. 9 MUFFINS

ca. 220 g junge Rainkohl-Rosetten
1 l Wasser
1 Ei
30 ml Olivenöl
125 ml Milch
Salz, Pfeffer
150 g Mehl
1 TL Backpulver
Muskatnuss
100 g Fetakäse

- Backofen auf 200 °C Ober- und Unterhitze vorheizen. Die Muffinform einfetten und mehlen oder mit Papierförmchen auskleiden.
- Von den Rosetten die Wurzelansätze abschneiden und die Blätter in ein großes Sieb geben.
- 1 l Wasser aufkochen und den Rainkohl damit übergießen. Die Schicht Rainkohl darf nicht zu dick sein, da er sich beim Überbrühen sonst schwarz färben kann und nicht mehr schmeckt.
- Ei in einer Schüssel mit Olivenöl und Milch verquirlen. Den abgekühlten Rainkohl ausdrücken, fein hacken und mit in die Schüssel geben. Mit Salz, Pfeffer und Muskatnuss gut würzen und alles gut vermengen.
- Mehl und Backpulver mischen und unter die Rainkohl-Ei-Mischung rühren. Feta klein würfeln und unterheben.
- Den Teig auf die Formen verteilen und im heißen Ofen ca. 20 Min. backen. Die Muffins zum Auskühlen aus der Form nehmen.

Andere Wildpflanzen: Brennnessel, Weißer Gänsefuß, Knopfkraut

TÜRKISCHER BULGUR MIT RAINKOHL

Eine würzige Beilage zu gegrilltem Fleisch oder Gemüse aus der türkischen Küche.

ZUBEREITUNGSZEIT: CA. 30 MIN.

ZUTATEN FÜR 2 PORTIONEN

60 g junge Rainkohl-Rosetten (ohne Blütentrieb) oder Blättchen
1 große oder 2 mittelgroße Frühlingszwiebeln
1 EL Olivenöl
60 g grober Bulgur
1 TL Tomatenmark
Salz, Pfeffer
120–150 ml Wasser
1 Becher Joghurt

- Wurzelansätze vom Rainkohl abschneiden, sodass die Rosetten in Einzelblättchen zerfallen. Frühlingszwiebeln waschen und in kleine Stücke schneiden.
- Einen Topf erhitzen, das Olivenöl hineingeben und die Zwiebeln darin ein paar Min. anschwitzen. Den Bulgur bei schwacher Hitze ca. 5 Min. lang unter Rühren mit anbraten. Das Tomatenmark zugeben und kurz anrösten. Dann mit Salz und Pfeffer würzen.
- Wasser dazugeben, alles unter Rühren kurz aufkochen. Dann den Rainkohl unterrühren und alles zugedeckt 10–15 Min. garen lassen. Bei Bedarf noch etwas Wasser zugeben. Lauwarm mit Joghurt servieren.

Andere Wildpflanzen: Dieses Rezept eignet sich für alle milden Pflanzen wie Brennnessel, Gänseblümchen, Weißer Gänsefuß, Knopfkraut, Wegerich.

Rainkohl-Muffins mit Feta

SAUERKLEE

OXALIS SP.

SAUER MACHT NICHT IMMER LUSTIG

Manchmal verirrt sich der hübsche Wald-Sauerklee auch in den Garten.

Der Wald-Sauerklee (*Oxalis acetosella*) ist mit seinen großen weißen Blüten, die schon im Frühjahr erscheinen, der schönste und sozialverträglichste Vertreter der Gattung, kommt aber leider selten in den Garten. Hier hat man es eher mit der buckligen Verwandtschaft zu tun, wie dem Aufrechten (*O. stricta*) und dem Horn-Sauerklee (*O. corniculata*).

Der Horn-Sauerklee ist klein und zeichnet sich an sonnigen Stellen durch eine rötliche Blattfärbung aus, dazu kontrastieren die gelben Blüten. Er stammt aus dem Mittelmeerraum, fühlt sich aber mittlerweile in unserem Klima recht wohl. Seiner Herkunft entsprechend ist er wärmeliebend und mag Steine als Untergrund. Gern wächst er in Pflasterfugen, wo er durchaus zierende Wirkung hat, wenn er sich nicht von da aus auch in Blumenkübel und locker bewachsene Gartenbeete schmeißen würde, und das ist durchaus wörtlich zu nehmen, denn die Kapselfrüchte schleudern ihre kostbare Fracht meterweit und für so einen Winzling in olympiareife Höhen. Zu manchen Kübelpflanzen mag er einen dekorativen Bodendecker abgeben, zartere Pflänzchen unterdrückt er aber, da er mit seinen oberirdischen Ausläufern rasch die ganze Oberfläche bedeckt. Im lückigen Rasen findet der Horn-Sauerklee ebenfalls gute Bedingungen, wo er sich mit seiner Pfahlwurzel trockenheitsverträglicher als die Rasengräser zeigt.

Der Aufrechte Sauerklee stammt aus Nordamerika und ist größer und aufrecht wachsend. Er drängelt sich gern zwischen die Stauden oder Gemüsepflanzen, wo er aus dem Schatten der anderen Gewächse herauswächst und seine gelben Blüten zeigt. Auch seine Früchte sind Meister im Samen-Weitwurf und so landen die Samen in Blumentöpfen. Durch diese Sprungkraft und die Vielzahl der gebildeten Samen können beide Arten recht lästig werden. Bienen besuchen die kleinen Blüten.

Der Horn-Sauerklee in seinem Metier, dem Besiedeln von Pflasterfugen.

Erkennen

- Höhe Horn-Sauerklee 10–20 cm, Bodendecker, Aufrechter Sauerklee bis 40 cm hoch
- kleine, gelbe Blüten mit 5 Blütenblättern von April oder Mai bis Oktober
- Blüten nur bei direkter Sonnenbestrahlung geöffnet
- Horn-Sauerklee hat grüne oder violette Blätter und kriechende Triebe, die sich bei Bodenkontakt bewurzeln, er bildet eine Pfahlwurzel
- Aufrechter Sauerklee hat grüne Blätter und kriecht nicht, seine Wurzel geht eher in die Breite
- typische Klee-Blätter, dreiteilig, klappen sich bei zu viel Sonnenbestrahlung nach unten zusammen
- Blätter mit charakteristischem, säuerlichem Geschmack
- spitz zulaufende, behaarte Samenkapseln, 5-kantig, katapultieren bei Berührung Samen heraus
- ein- bis mehrjährig, sommergrün

BITTE BEACHTEN!
Da die Pflanzen Oxalsäure enthalten, sollte nicht zu viel davon verzehrt werden.

Loswerden …

Jäten hilft beim Sauerklee am besten. Da die Kapselfrüchte bei der leichtesten Berührung explodieren und ihre Saat in der Gegend herumschleudern, sollte auf jeden Fall vor der Samenreife Hand angelegt werden.

… oder lieber nutzen

Alles Oberirdische ist essbar: Die dekorativen Blätter lassen sich den ganzen Frühling und Sommer über ernten und in Salaten und Suppen verwenden. Auch Tees lassen sich mit ihnen verfeinern. Der Geschmack ist säuerlich und wirkt erfrischend. Die Blüten schmecken ähnlich wie die Blätter, sie dekorieren und würzen Salate. Sich gerade entwickelnde Samenkapseln sind noch weich genug zum Essen. Alle in Mitteleuropa vorkommenden Sauerklee-Arten lassen sich in der Küche verwenden.

ROHER SPARGELSALAT MIT SAUERKLEE

Die feine Säure des Sauerklees passt wunderbar zum leicht bitteren Spargel, der in diesem besonderen Frühlingssalat roh verwendet wird.

ZUBEREITUNGSZEIT: 30 MIN. + ZEIT FÜRS MARINIEREN

ZUTATEN FÜR 4 PORTIONEN

500 g weißer Spargel
1 TL Salz
1 TL Zitronensaft
2 TL flüssiger heller Honig oder Agavendicksaft
schwarzer Pfeffer
3 EL Olivenöl extra vergine
1 Handvoll Sauerklee (mit oder ohne Blüten)

- Spargel waschen und sorgfältig schälen. Die Stangen dann mit dem Sparschäler der Länge nach in dünne Streifen schneiden. Die Stangen dazu auf ein Brett legen, am unteren Ende festhalten und den Sparschäler von unten zur Spitze hin ziehen. Die letzten Stücke mit dem Messer in dünne Streifen schneiden.
- Spargelstreifen in einer Schüssel mit 1 TL Salz mischen, verkneten, damit der Saft austritt, und ca. 15 Min. ziehen lassen.
- Inzwischen Zitronensaft mit Honig bzw. Agavendicksaft und Pfeffer gründlich verrühren. Nach und nach Olivenöl mit einer Gabel unterschlagen, bis ein cremiges Dressing entstanden ist. Sauerklee waschen, trocknen und die Blättchen von den Stängeln zupfen. Die Stängel werden nicht mit verwendet.
- Spargel abtropfen lassen, evtl. die salzige Flüssigkeit etwas abstreifen, damit der Salat nicht zu salzig wird und zwei Drittel der Sauerklee-Blätter untermengen. Den Salat marinieren, anrichten und mit den restlichen Sauerklee-Blättchen und ggf. -Blüten bestreuen.

BAGEL MIT SAUERKLEE-THUNFISCH-CREME

Eine wilde Variante des ursprünglich jüdischen Gebäcks, das heute als Snack weltweit in Bagel-Shops angeboten wird.

ZUBEREITUNGSZEIT: CA. 20 MIN.

ZUTATEN FÜR 4 PORTIONEN

1 Handvoll Sauerklee (mit oder ohne Blüten)
1 Handvoll Rucola
1 Dose Thunfisch im eigenen Saft
100 g Ricotta oder Frischkäse
Salz, Pfeffer
etwas Zitronensaft
1–2 Tomaten
1 Stange Frühlingszwiebel
4 Bagels

- Sauerklee und Rucola getrennt waschen und in einem Küchentuch trocknen. Drei Viertel des Sauerklees fein schneiden und mit dem abgetropften Thunfisch und Ricotta bzw. Frischkäse zu einer schönen Creme vermengen. Mit frisch gemahlenem Pfeffer, Salz und Zitronensaft abschmecken.
- Tomate entkernen und in kleine Stücke schneiden. Frühlingszwiebel waschen und in feine Ringe schneiden. Bagels aufschneiden, leicht toasten oder in einer heißen Pfanne ohne Fett von beiden Seiten rösten.
- Die Thunfischcreme dick auf die unteren Bagelhälften streichen, die oberen Hälften nur dünn bestreichen.
- Nacheinander Tomatenstückchen, Rucola, Frühlingszwiebel und den restlichen Sauerklee auf der Creme verteilen. Die oberen Hälften auflegen.

Bagel mit Sauerklee-Thunfisch-Creme

TIPP: SIE KÖNNEN DIE SAUERKLEE-THUNFISCHCREME AUCH AUF GERÖSTETEM TOAST ANRICHTEN.

SCHARBOCKSKRAUT

RANUNCULUS FICARIA

BODENDECKER AUF ZEIT

Die knackigen Blätter des Scharbockskrauts liefern früh im Jahr Vitamin C.

Das Scharbockskraut ist eine Schönheit – im Wald geraten wir regelmäßig in Verzückung, wenn es im Frühling seine gelben Blüten über glänzendem Laub präsentiert. Im Garten aber möchten wir es ungern sehen, denn der Zwerg verhält sich dominant, überzieht rasch Beete wie ein Teppich und ist sich auch nicht zu fein, im Rasen zu wachsen. Man muss aber immerhin lobend erwähnen, dass es im Mai wieder sang- und klanglos in den Untergrund verschwindet. Unter Hecken oder Sträuchern kann die heimische Pflanze bis dahin einen schönen Bodendecker abgeben. Schmetterlinge und kleine Wildbienen besuchen die Blüten.

Erkennen

- Höhe 5–20 cm, Bodendecker
- gelbe, sternförmige, glänzende Blüten von März bis Mai
- glänzende, herzförmige Blätter, rosettenförmig wachsend
- am Boden kriechende Triebe, an denen hellbraune Brutknöllchen (Bulbillen) wachsen
- ab Mai vergilbt das Laub und zieht ein
- Rhizom mit Wurzelknollen als Speicherorgan
- ausdauernd

Loswerden …

Die Pflanze vermehrt sich über Brutknollen, die beim Umgraben im Garten verteilt werden. Man muss das Kraut daher im Frühjahr inklusive seiner Brutknollen jäten. An schattigen Stellen kann es effektiv durch Bärlauch verdrängt werden.

… oder lieber nutzen

Vor der Blüte lassen sich die fleischigen Blätter, die reich an Vitamin C sind, ernten. Sie peppen Salate oder Kräuterquark auf. Schon während der Blüte sollte die Pflanze aber nicht mehr verwendet werden, da sich dann giftige Inhaltsstoffe bilden.

BITTE BEACHTEN!

Giftige Protoanemonine führen zu Magen-Darm-Problemen und können äußerlich eine Dermatitis verursachen. Das Kraut daher nur vor der Blüte ernten.

MOZZARELLA MIT FEIGEN UND SCHARBOCKSKRAUT

Eine ungewöhnliche Variante des italienischen Klassikers, bei der die Tomate in den Hintergrund und das wilde Grün in den Vordergrund rückt. Die leichte Schärfe des Scharbockskrautes findet in der Süße der Feigen einen harmonischen Gegenspieler.

ZUBEREITUNGSZEIT:
CA. 20 MIN.

ZUTATEN FÜR 2 PORTIONEN

1 mittelgroße Tomate
2–3 getrocknete Feigen
1 EL weißer Balsamico-Essig
1 TL Zitronensaft
2 EL Olivenöl extra vergine
½ TL Ahornsirup oder Honig
Salz, Pfeffer
1 rote Zwiebel
40 g Scharbockskraut-Blätter, vor der Blüte geerntet
250 g Mozzarella

- Tomate mit kochendem Wasser übergießen und die Haut abziehen. Gehäutete Tomate halbieren, die Kerne mit einem Löffel herausnehmen, in ein Siebchen geben und den Saft auffangen. Das Fruchtfleisch in Würfel schneiden. Von den Feigen den Stielansatz abschneiden und sie ebenfalls würfeln.
- Aus Essig, Zitronensaft, dem Saft der Tomatenkerne, Öl, Ahornsirup oder Honig, Salz und Pfeffer eine Vinaigrette mixen. Die Tomaten- und Feigenwürfel darin marinieren.
- Zwiebel schälen und in sehr feine Ringe schneiden. Scharbockskraut waschen und gut trocknen, damit die Vinaigrette besser an den Blättchen haftet.
- Mozzarella in Scheiben schneiden und auf 2 Tellern schuppenförmig anordnen. Scharbockskraut-Blätter und die Zwiebelringe darauf anrichten und die Vinaigrette mit den Feigen- und Tomatenwürfeln darübergeben.

Andere Wildpflanzen: Gänseblümchen, junger Löwenzahn, junger Rainkohl, Tellerkraut

TAUBNESSELN UND GOLDNESSELN

LAMIUM MACULATUM,
L. PURPUREUM, L. ALBUM,
L. GALEOBDOLON,
L. ARGENTATUM

HUMMELS LIEBLINGE AM GEHÖLZRAND

Die grün-weißen Blätter der Goldnessel können den ganzen Winter über geerntet werden.

Sie sehen allesamt aus wie kleine Brennnesseln, sind aber handzahm und blühen hübsch, auch bleiben sie deutlich niedriger. Die Gefleckte Taubnessel (*Lamium maculatum*) mit den weißen Flecken in der violetten Blüte ist die schönste Art mit vielen Gartensorten und ein Muss für den Gehölzrand. Es ist eine große Ehre, wenn sie von sich aus im Garten erscheint. Auch die Purpurrote Taubnessel (*Lamium purpureum*), die Gewöhnliche Goldnessel (*Lamium galeobdolon*) und die Weiße Taubnessel (*Lamium album*) sind nette kleine Pflanzen, die sich am Gehölzrand oder am Gartenzaun einfinden und nicht lästig werden. Zusammen können die Arten im Schattengarten ein buntes Bild abgeben.

Nur die invasive Silberblättrige Goldnessel (*Lamium argentatum*), auch Silberblättrige Taubnessel genannt, mit den bunt gezeichneten Blättern überspannt den Bogen nun wirklich: Sie bildet meterlange Triebe, die irgendwo wieder anwurzeln und früher oder später den gesamten Gartenboden annektieren. Sie bringt schnell andere Stauden zum Verschwinden und gewinnt den Verdrängungswettbewerb sogar gegen Giersch, andere Taubnesseln, Efeu und Brennnesseln. Dabei ist sie auch noch überaus geizig mit Blüten, während die sittsame, heimische Verwandtschaft deutlich besser für die Hummeln im Garten sorgt.

Die Purpurrote Taubnessel ist einjährig und verträgt Sonne. Daher wächst sie an Wegrändern, im sonnigen Staudenbeet, im Rasen oder im Gemüsegarten.

Die anderen Arten sind Stauden, wachsen am liebsten halbschattig bis lichtschattig und erfreuen als Unterwuchs von sommergrünen Sträuchern den Garten lange mit ihrer Gesellschaft. Taubnesseln bevorzugen nährstoffreiche, humose und nicht zu trockene Böden. Die Samen werden von Ameisen im Garten verbreitet.

Erkennen

- Höhe und Breite 10–80 cm, oft bodendeckend
- die Lippenblüten in Weiß, Gelb oder Rosa erscheinen meist zwischen April und Oktober, die Gefleckte Taubnessel blüht zwischen Mai und Juli, die Purpurrote und die Weiße können in milden Wintern ganzjährig blühen
- Blüten in den Blattachseln der oberen Blattpaare, als Scheinquirle angeordnet
- Blätter gegenständig, gezähnt, spitz zulaufend und nesselähnlich, bei der Pupurroten Taubnessel sind die oberen Blätter oft rötlich
- Stängel vierkantig
- die ausdauernden Arten bilden Ausläufer

Loswerden …

Die einjährige Purpurrote Taubnessel lässt sich einfach mit der Hacke entfernen. Die ausläuferbildenden Arten werden ausgerissen, wobei die bewurzelnden Triebe dazu ein bisschen gelockert werden müssen. Hier hilft die Grabegabel. Die Silberblättrige Goldnessel muss besonders akribisch gejätet werden, da die verbliebenen Pflanzenteile sonst wieder austreiben. Alle ausgerissenen Triebe sollten gründlich entsorgt werden, da sie sonst an Ort und Stelle erneut anwurzeln. Die anderen Arten dürfen als gute Hummelweiden aber geduldet werden, wo sie nicht stören.

… oder lieber nutzen

Die Triebspitzen schmecken im Frühjahr lecker im Salat. Gekocht lassen sich die Blätter wie Spinat zubereiten. Sie können in Suppen, Aufläufen und Omeletts verwendet werden, auch gern gemischt mit anderen Wildkräutern. Die süßlich schmeckenden Blüten passen als Dekoration auf Salate oder Kräuterquark. Die Samen können im Sommer gesammelt werden und im Winter als Keimgemüse dienen.

Die Gefleckte Taubnessel im April unter Laubbäumen.

GRÜNE FINGERNUDELN

Weil man Taubnesseln auch im Winter ernten kann, sind die grünen Fingernudeln eine perfekte Beilage für das Weihnachtsmenü. Sie passen zu Ente, Gans und Rinderbraten.

ZUBEREITUNGSZEIT: CA. 60 MIN.

ZUTATEN FÜR 4 PORTIONEN

500 g mehligkochende Kartoffeln
50 g Taubnessel-Blätter und -Spitzen
2 Eigelb
120 g Weizenmehl
20 g Hartweizengrieß oder doppelgriffiges Mehl
Salz, Pfeffer
geriebene Muskatnuss
2–3 EL Butter

- Kartoffeln im Ganzen gar kochen (je nach Größe 20–30 Min.), abgießen und mit kaltem Wasser abschrecken. Dann pellen, noch warm durch die Kartoffelpresse drücken und ausdampfen lassen.
- Taubnesseln putzen, waschen, dicke Stiele abzwicken und die Blätter und Spitzen mit möglichst wenig Wasser pürieren. Eigelb, Mehl, Hartweizengrieß und die Taubnesseln unter die Kartoffeln mengen. Die Masse mit Salz, Pfeffer und Muskatnuss würzen und zu einem glatten Teig kneten. Salzwasser aufsetzen.
- Kleine Portionen vom Teig wegnehmen und auf einem Holzbrett ggf. mit etwas Mehl zu länglichen Fingernudeln rollen.
- Wenn das Wasser gekocht hat, die Fingernudeln einlegen und ca. 10 Min. gar ziehen lassen. Dabei darf das Wasser nicht mehr kochen. Mit einem Schaumlöffel herausnehmen. Die gekochten Fingernudeln können bis zu 2 Tage im Kühlschrank aufbewahrt werden.
- Vor dem Servieren die Butter in einer großen, am besten beschichteten Pfanne erhitzen und die Fingernudeln von zwei Seiten goldbraun anbraten.

GEBRATENER REIS MIT TAUBNESSELN

Aus einem Sträußchen Taubnesseln, Reis, etwas Gemüse und Eiern wird im Handumdrehen ein leichtes Gericht wie vom Asiaten.

ZUBEREITUNGSZEIT: CA. 40 MIN.

ZUTATEN FÜR 2 PORTIONEN

3–4 EL gefrorene Erbsen
1 Sträußchen (ca. 80 g) junge Taubnesseln mit knackigen Stängeln (mit oder ohne Blüten)
1 Knoblauchzehe
1 mittelgroße Karotte
150 g Lauch (nur das Weiße) oder 3–4 Frühlingszwiebeln
frische oder getrocknete Chilischote nach Geschmack
2–3 EL neutrales hoch erhitzbares Öl
250 g gekochter Basmati- oder Langkornreis vom Vortag (frischer Reis verklebt)
Salz und Pfeffer
2 Eier
etwas Sojasauce
1–2 EL Sesamöl

- Einen Wok oder eine große Pfanne erhitzen. Die Erbsen aus dem Gefrierschrank nehmen. Die Taubnesseln waschen und gut trocknen. Die Stängel abschneiden, bündeln und in 1,5–2 cm lange Stückchen schneiden. Die Blätter in grobe Streifen schneiden und beides getrennt beiseitelegen.
- Knoblauchzehe und Karotten schälen und in feine Stifte schneiden. Lauch in 2 cm lange Abschnitte und diese in Streifen schneiden bzw. die Frühlingszwiebeln schräg in grobe Ringe. Chili fein hacken.
- Das Öl in den erhitzten Wok bzw. Pfanne geben. Nun unter Rühren alles nacheinander anbraten: Zunächst die Karottenstifte, Chili und Knoblauch, nach 2–3 Min. Erbsen, Lauch bzw. Frühlingszwiebeln und die Taubnesselstängel dazugeben. Nach weiteren 1–2 Min. den Reis

Gebratener Reis mit Taubnesseln

und ggf. noch etwas Öl unterrühren. Abschließend die Taubnesselblätter kurz mitbraten. Mit Salz und Pfeffer würzen.

- Die Eier aufschlagen und mit einem Spritzer Sojasauce verrühren. Den Reis am Rand des Woks hoch schieben, die Eier in die Mitte gießen, stocken lassen und unter mehrmaligem Rühren braten. Wenn Sie eine Pfanne verwenden, die Eier in einer Hälfte der Pfanne braten. Die Eier und den Reis vermengen und mit Sojasauce und etwas Sesamöl abschmecken.

Andere Wildpflanzen: Für dieses Gericht eignen sich auch Beinwell, Brennnessel, Gänsefuß, Knopfkraut, Rainkohl oder Wegrauke. Verwenden Sie die Stängel der Pflanzen nur, wenn sie zart und knackig sind.

GEWÖHNLICHES TELLERKRAUT

CLAYTONIA PERFOLIATA

WINTERLICHE VITAMIN-BOMBE AUS ÜBERSEE

Ein Laubblatt umschließt jeden Blütenstand wie ein grüner Kragen.

Dieses Kraut aus Nordamerika hat fast so viele Namen wie Nachkommen: Man nennt es auch Winterpostelein, Winterportulak oder Kuba-Spinat. Die schwarzen Samen werden von der Pflanze in der Gegend herumkatapultiert, sie werden aber auch von Ameisen verschleppt, und so besiedelt das Kraut immer neue Stellen, wenn es ein Plätzchen zur freien Entfaltung findet, besonders im Gemüsegarten. Bei wenig Nährstoffen im Boden bleibt es mickrig klein, an fruchtbaren Standorten wächst es zu einer durchaus attraktiven Pflanze heran, die sich nach der Blüte wieder vom Acker macht.

Erkennen

- Höhe und Breite 10–30 cm
- weiße Blüten in Gruppen von März bis Juni, die zunächst kurz gestielt in der Mitte tellerförmiger Blätter wachsen, später aber längere Stiele bilden
- Grundblätter spatelförmig und in einer Rosette angeordnet
- obere Blätter tellerförmig den Stängel umschließend, sie entwickeln sich ab Frühjahr
- einjährig oder einjährig überwinternd, Keimung im Herbst oder Frühjahr bei niedrigen Temperaturen

Loswerden ...

Die Pflanze ist dank ihrer Blätter unverwechselbar und kann gejätet oder weggehackt werden. Nach der Samenreife stirbt sie sowieso ab.

... oder lieber nutzen

Die Blätter mitsamt Blüten sind essbar und selbst im Winter ein willkommener Vitaminspender, der kaum Nitrat enthält. Der Geschmack erinnert roh an Feldsalat, gekocht an Spinat. Eine gezielte Aussaat lohnt sich.

TELLERKRAUT-SALAT MIT DATTEL-VINAIGRETTE

Das junge Tellerkraut ist ein schöner Farbkontrast zum kräftigen Rot in diesem fruchtig-nussigen Wintersalat. Es weckt Vorfreude auf das erste Frühlingsgrün.

ZUBEREITUNGSZEIT: 30 MIN.

ZUTATEN FÜR 4 PORTIONEN

3 EL Kürbiskerne
150 g Tellerkraut-Rosetten
1 kleiner Kopf Radicchio
2 Chicorée
1 Orange
½ Granatapfel
1 mittelgroße Frühlingszwiebel
2 Medjool-Datteln
1 Knoblauchzehe
2 EL Balsamico-Essig
4 EL Olivenöl extra vergine
1 EL Zitronensaft
½ EL mittelscharfer Senf
½ TL Salz, Pfeffer
½ TL Zucker
1 EL Kürbiskernöl

- Kürbiskerne in einer heißen Pfanne ohne Öl ca. 5 Min. rösten.
- Tellerkraut waschen und trockenschleudern. Radicchioblätter ablösen, waschen, ebenfalls schleudern und in Streifen schneiden. Chicoree abspülen und abtrocknen. 8 Blätter abpflücken und je 2 auf 4 Tellern anrichten. Den restlichen Chicorée halbieren, den Strunk V-förmig herausschneiden und in breite Streifen schneiden.
- Orange schälen, auch die weiße Haut wegschneiden. Zwischen den Häuten die Filets herausscheiden und grob zerteilen. Den Saft auffangen. Granatapfel vierteln und die Kerne herauslösen. Frühlingszwiebel in feine Ringe schneiden.
- Datteln entkernen und in Stückchen schneiden. Knoblauch schälen, grob schneiden. Beides mit dem Saft der Orange, dem Essig, Zitronensaft, Olivenöl, Senf, Salz, Pfeffer und Zucker in einem kleinen Mixer zu einer Vinaigrette verarbeiten und abschmecken.
- Blattsalate, Tellerkraut und Granatapfel-Kerne locker vermengen, mit zwei Dritteln der Vinaigrette marinieren und auf den Chicorée-Blättern anrichten. Die restliche Vinaigrette auf die Teller träufeln und die Zwiebelringlein auf die Portionen verteilen. Das Kürbiskernöl und die Kürbiskerne darübergeben.

Andere Wildpflanzen: Gänseblümchen, junger Löwenzahn, junger Rainkohl, Scharbockskraut

GEWÖHNLICHE VOGELMIERE

STELLARIA MEDIA

LIEBE AUF DEN ZWEITEN BLICK

Die hübschen Blüten der Vogelmiere.

Mehr breit als hoch, zeigt uns die zierliche Vogelmiere, wie gut sie den Boden vor Witterungseinflüssen und Auswaschung von Nährstoffen schützen kann. Im Sommer hält sie die Feuchtigkeit im Boden, im Winter schützt sie wie ein Pelzmantel vor allzu großer Kälte. Die einjährige heimische Pflanze gönnt sich nur selten eine Blühpause, wächst in milden Wintern einfach weiter und bildet so rasch einen grünen Teppich. Besonders freut sie sich über frisch angelegte, nährstoffreiche Beete, besiedelt Wegränder oder Lücken im Pflaster. Ein gerade umgegrabener Gemüsegarten ist eine Einladung für die Vogelmiere. Gut eingewachsene Staudenbeete meidet sie dagegen.

Sie wächst ansonsten einfach überall, wo Platz ist, ob in der Sonne oder im Schatten, und erträgt auch feuchte Böden. Dabei ist sie äußerst fruchtbar und bringt Unmengen an Samen hervor, die gern von Vögeln geknabbert werden. Das Laub ist ein gutes Frischfutter für Hühner oder Kanarienvögel.

Erkennen

- Höhe 5–40 cm, Bodendecker mit langen oberirdischen Ausläufern
- kleine weiße Blüten mit 5 Kron- und 5 Kelchblättern, da Erstere tief geteilt sind, scheint die Blüte doppelt so viele Kronblätter zu haben
- oft das ganze Jahr über blühend
- einen niedrigen Blattteppich ausbildend, der weit verzweigt ist
- Laubblätter eiförmig und ganzrandig, kurz gestielt oder ungestielt, gegenständig
- Stängel einreihig behaart
- einjährig oder einjährig überwinternd

Loswerden …

Vogelmieren lassen sich leicht jäten, denn sie wurzeln nur flach – einmal fest zupacken und aus dem Boden ziehen. Leichter geht es auf großen Flächen mit der Hacke. Entwurzelte Pflanzen sollten

BITTE BEACHTEN!

Es kommen sehr selten Allergien gegen Vogelmiere vor. Sie sollte außerdem aufgrund des Saponingehaltes nicht zu häufig und in großen Mengen verzehrt werden.

Die zarte Vogelmiere bedeckt selbst im Winter große Flächen.

danach vom Beet entfernt werden, um weitere Aussaat oder erneutes Anwachsen zu vermeiden, denn abgerissene Triebe können sich leicht bewurzeln.

... oder lieber nutzen

Die Pflanze ist ein kulinarischer Geheimtipp und zum Glück immer reichlich vorhanden, sogar in milden Wintern finden sich genug Exemplare. Junge Triebe lassen sich im Salat verwenden oder wie Spinat zubereiten. Auch ein Pesto oder Smoothie wird durch Vogelmiere bereichert. Vogelmiere schmeckt wie junger Mais und ist reich an wertvollen Inhaltsstoffen wie Eisen, Vitamin A und C, Kalium und Calcium.

VOGELMIERE IMMER GRIFFBEREIT **Die Pflanze lässt sich auch in Blumenkästen oder Pflanzkübeln ansiedeln. So gelingt die Anzucht selbst auf dem Balkon und das leckere Grünzeug kann ganz ohne Bücken geerntet werden. Dazu samentragende Triebe einfach auf die Blumenerde legen. Die Vogelmiere wächst dann von ganz allein, sie ist ein Lichtkeimer.**

BÉCHAMEL-KARTOFFELN MIT VOGELMIERE

Dies ist ein Lieblingsgericht aus meiner Kindheit. Hier in einer wilden Variation mit frischer Vogelmiere.

ZUBEREITUNGSZEIT: CA. 35 MIN.

ZUTATEN FÜR 2 PORTIONEN

500 g kleine festkochende Kartoffeln
1 gute Handvoll (ca. 50 g) Vogelmiere (mit oder ohne Blüten)
60 g Frühstücksspeck am Stück
evtl. 1–2 TL Butter
1 Zwiebel
2 Stängel Petersilie
1 gehäufter EL Mehl
150 ml Milch
200 ml Gemüsebrühe
Salz, Pfeffer, Muskatnuss, etwas Zitronensaft

- Kartoffeln mit der Schale in Salzwasser gar kochen (ca. 15–20 Min.), dann abgießen und mit kaltem Wasser abschrecken. Kartoffeln pellen, auf Wunsch halbieren und zum Warmhalten wieder in den Kochtopf geben. Vogelmiere putzen und grob schneiden.
- Eine Pfanne erhitzen. Den Speck in Würfel schneiden und in der Pfanne auslassen.
- Zwiebel schälen und fein würfeln, die Stängel der Petersilie fein schneiden und beides mit dem Speck glasig dünsten.
- Das Mehl leicht mit anrösten. Nach und nach erst Milch und dann Brühe unter Rühren zugeben. Die Béchamel-Sauce mit Salz, Muskatnuss, Pfeffer und etwas Zitronensaft abschmecken.
- Nun die Vogelmiere ganz kurz mitgaren. Etwas Butter unterrühren und die Kartoffeln in die Sauce geben. Die Blätter der Petersilie hacken und beim Anrichten darüberstreuen.

Andere Wildpflanzen: milder Ehrenpreis, Gänseblümchen, Gänsedistel, Knopfkraut, Rainkohl

MAISPOLENTA-PUFFER MIT VOGELMIERE

Die Maiskörner machen die Puffer saftig. Die Vogelmiere mit ihrem Geschmack nach jungem Mais passt perfekt hinein.

ZUBEREITUNGSZEIT: CA. 40 MIN.

ZUTATEN FÜR CA. 10 PUFFER

375 ml Wasser mit 1 TL Salz oder die gleiche Menge Gemüsebrühe
50 g Maisgrieß (Polenta)
2 Handvoll Vogelmiere (mit oder ohne Blüten)
2 Eier
120 g Dinkelmehl Type 1050
300 g Maiskörner, frisch, aufgetaut oder aus der Dose (abgetropft)
½ TL Kräutersalz, Pfeffer
Muskatnuss
3 EL Öl oder Butter

- Wasser mit dem Salz bzw. die Gemüsebrühe aufkochen und den Maisgrieß einrieseln lassen. Bei Mittelhitze unter Rühren zu einem dicken Brei kochen. Abkühlen lassen. Das lässt sich auch wunderbar am Vortag machen.
- Vogelmiere waschen, gut abtropfen lassen oder trockenschleudern und klein schneiden. Eier, Mehl, Maiskörner und Vogelmiere unter die Polenta rühren. Mit Salz, Pfeffer und Muskatnuss kräftig abschmecken.
- Eine beschichtete Pfanne erhitzen, einen Teil des Öls hineingießen, für jeden Puffer einen gehäuften Esslöffel der Masse hineingeben und etwas flachdrücken. Auf jeder Seite ca. 7–8 Min. bei mittlerer Hitze goldgelb anbraten.
- Die fertigen Puffer warmstellen und alle Puffer auf diese Weise backen.

Maispolenta-Puffer mit Vogelmiere

BREIT-, SPITZ- UND MITTLERER WEGERICH

PLANTAGO MAJOR, P. LANCEOLATA, P. MEDIA

TRITTFEST UND KUMMER GEWOHNT

Der Spitzwegerich blüht auf langen Stielen weiß über schmalen Laubblättern.

Die Wegeriche begleiten uns – wie der Name es andeutet – auf Schritt und Tritt. Und das ist durchaus wörtlich zu nehmen, denn besonders der Breitwegerich lässt sich mit Füßen treten und nimmt eine ruppige Behandlung nicht übel. Daher wächst er gern auf Rasenflächen, in Pflasterfugen und an Wegrändern. Seine Blüten sind unscheinbar und schmucklos.

Ganz anders der Spitzwegerich, der schmale Blätter mit Nadelstreifenmuster besitzt und hübschere, kleinere Blüten mit weißen Staubgefäßen. Er besiedelt ebenfalls Wegränder und ungedüngte Rasenflächen, wächst aber auch im Blumenbeet.

Der Mittlere Wegerich ist die Schönheitskönigin unter den drei heimischen Arten – seine rosafarbenen Blüten können es mit jeder Gartenstaude aufnehmen. Leider ist er auch der seltenste Wegerich, weil er Magerwiesen als Lebensraum bevorzugt.

Die Blüten des Mittleren Wegerichs werden besonders gern von Hummeln besucht, doch auch die unscheinbare Verwandtschaft lässt sich nicht lumpen und zieht Insekten an.

Erkennen

- Höhe Breitwegerich 3–25 cm, Spitzwegerich 5–50 cm, Mittlerer Wegerich 15–50 cm
- alle Arten blühen zwischen Mai oder Juni bis September
- der Breitwegerich hat einen unscheinbaren, walzenförmigen Blütenstand, der Spitzwegerich blüht schwarz mit weißen Staubgefäßen, der Mittlere blüht rosa
- die Blätter bilden eine Rosette, sie sind ganzrandig und parallelnervig, breit löffelartig beim Breitwegerich und schmal und lang beim Spitzwegerich, der Mittlere liegt in der Blattform zwischen den beiden anderen
- tief wurzelnd
- ausdauernd

Loswerden ...

Der Mittlere Wegerich sollte gehütet werden wie ein Schatz, die anderen beiden können durchaus lästig werden. Die Blütenstände müssen vor der Samenreife entfernt werden. Um die Pflanzen ganz loszuwerden, muss man sie mit Wurzel ausgraben. Beim Spitzwegerich reicht es, ihn mit der Hand aus dem Boden zu ziehen, beim Breitwegerich muss man etwas gründlicher vorgehen, da er aus dem Rhizom immer wieder austreibt.

... oder lieber nutzen

Im Frühling sind die jungen Blätter besonders weich und lassen sich im Salat nutzen oder wie Spinat verwenden. Die Blütenknospen sind köstlich und werden als Salatbeigabe verwendet oder in Gemüsegerichten mitgekocht. Sogar die Samen sind nutzbar, sie können in Aufläufe gegeben werden. Der Geschmack der Wegeriche erinnert an Champignons. Beim Spitzwegerich ist auch die Wurzel essbar, sie wird klein gehackt und mit anderem Gemüse angebraten.

Der Breitwegerich zeigt uns, wo die Wege sind. Er liebt den festgetretenen Boden.

GRATINIERTE WEGERICH-GNOCCHI

Die Wegerich-Blätter schmecken kräftig nach Grün. Sie geben den Gnocchi Farbe, Geschmack und wertvolle Inhaltsstoffe.

ZUBEREITUNGSZEIT: CA. 45 MIN.

ZUTATEN FÜR 4 PORTIONEN

100 g junge Wegerich-Blätter
150 g Ricotta
ca. 180 g Mehl
1 Ei
40 g geriebener Parmesan
1 Knoblauchzehe
200 g Crème fraîche
ca. 100 g würzigen Käse
weißer Pfeffer

- Etwa 3 l Wasser zum Kochen bringen. Das kochende Wasser gut salzen und die Wegerich-Blätter darin kurz blanchieren. Herausnehmen, gut abtropfen lassen und mit dem Ricotta pürieren.
- Das Püree mit Mehl, Ei und Parmesan zu einem glatten Teig verkneten. Kein Salz in den Teig geben, das verträgt sich nicht mit dem Ei.
- Teig in Portionen teilen, Rollen formen und 1 cm breite Stückchen abschneiden. Mit einer Gabel die typischen Gnocchi-Muster hineindrücken.
- Das Salzwasser wieder zum Kochen bringen und die Gnocchi hineingeben. Bei niedriger Temperatur ziehen lassen, bis sie an die Oberfläche kommen. Herausnehmen und abtropfen lassen.
- Knoblauchzehe schälen, halbieren und die Auflaufform damit einreiben. Crème fraîche leicht salzen, hineingeben und dann die Gnocchi in der Form verteilen. Käse darüberreiben.
- Im Backofen überbacken, bis der Käse leicht gebräunt ist. Pfeffer darübermahlen.

Andere Wildpflanzen: Beinwell, Brennnessel, Knopfkraut, Rainkohl

AYURVEDISCHES SÜẞ-KARTOFFEL-WEGERICH-GEMÜSE

Das Grün des Wegerichs und seine herbe Note runden dieses ayurvedische Gericht für Auge und Zunge ab.

ZUBEREITUNGSZEIT: CA. 35 MIN.

ZUTATEN FÜR 2 PORTIONEN

300 g Süßkartoffeln
1 Schalotte
1 Knoblauchzehe
1 Stück Ingwer (Menge nach Geschmack)
1 Stück frischen Chili (Menge und Schärfe nach Geschmack)
ca. 20 junge Wegerich-Knospen mit Stängel (wenn vorhanden)
100 g Wegerich-Blätter
120 g Basmatireis
2 EL Pflanzenöl
1 TL Kreuzkümmel-Samen, ganz
1 TL Fenchel-Samen, ganz
1 EL Tomatenmark
1 Dose Kokosmilch (200 ml)
Salz
etwas Zitronensaft
2 EL Kokoschips oder -flocken

- Süßkartoffeln waschen, schälen und würfeln. Schalotte, Knoblauchzehe und Ingwer schälen und sehr fein würfeln, Chili fein hacken. Die Stängel der Wegerich-Knospen in Stückchen schneiden. Die Knospen beiseitelegen. Haben die Wegerich-Blätter Stiele, kann man auch diese klein schneiden. Die Blattspreiten beiseitelegen.
- Basmatireis waschen, mit der doppelten Menge Wasser aufsetzen und zum Kochen bringen. Dann die Hitze ausschalten und im geschlossenen Topf ausquellen lassen.
- Öl in einem Topf erhitzen. Fenchel- und Kreuzkümmel-Samen darin anrösten, bis sie duften. Sie dürfen nicht anbrennen. Dann Schalotte,

Ayurvedisches Süßkartoffel-Wegerich-Gemüse

Knoblauch, Ingwer, Chili und die klein geschnittenen Wegerich-Stängel und -Stiele darin hell anrösten, danach das Tomatenmark kurz mitrösten.

- Kokosmilch zugeben und rühren, bis das feste Fett sich auflöst. Mit Salz und etwas Zitronensaft abschmecken. Die Süßkartoffeln in der Sauce ca. 5 Min. mitgaren, sie sollen noch etwas Biss haben.
- In der Zwischenzeit die Wegerich-Blätter quer zu den Blattadern fein schneiden und 2–3 Min. in der Sauce mit garen.
- Kokoschips oder -flocken in einer heißen Pfanne ohne Fett vorsichtig rösten.
- Den garen Reis durch Rühren auflockern und mit dem Gemüse anrichten. Die Kokoschips darüberstreuen.

Andere Wildpflanzen: Wildpflanzen mit Bitterstoffen wie Gänsedistel, Löwenzahn, Rainkohl, aber auch mildere Pflanzen wie Beinwell und Knopfkraut

WEGRAUKE

SISYMBRIUM OFFICINALE

SCHARF, ABER KEINE SCHÖNHEIT

Die Wegrauke verzweigt sich stark, am Ende jedes Stängels hocken kleine gelbe Kreuzblüten.

Die Wegrauke ist wahrlich nicht die schönste Art aus der Familie der Kreuzblütler. Obwohl sie unermüdlich blüht, kommt die Pflanze nicht an den Glamour-Faktor ihrer Verwandtschaft heran – das Barbarakraut stiehlt ihr regelmäßig die Show. Die gelben Blüten der Wegrauke sind winzig, die ganze Pflanze, die sich im Laufe des Sommers immer weiter verzweigt, wirkt wie ein grüner, buschiger Wäscheständer. Immerhin blüht die heimische Einjährige über Monate und ist dabei unglaublich produktiv: Während ganz oben an jeder Zweigstelle neue Blüten erscheinen, wachsen unterhalb viele Schoten heran. Sie sind erst grün, später braun und bleiben den Winter über erhalten.

Die Wegrauke versamt sich stark und liebt offenen, stickstoffreichen Boden in der Sonne oder im Halbschatten, wo sie oft die grüne Erstausstattung übernimmt. Gern wächst sie im Gemüsegarten oder in Pflasterfugen. Die Samen sind Lichtkeimer.

Große Exemplare der Wegrauke haben oft eine kugelige Gestalt. Wenn die Pflanze im Winter abreißt, rollt sie mit dem Wind nach Art eines Steppenrollers durch den Garten und verteilt Samen.

Der Aurorafalter nutzt die Blüten als Nektarquelle und legt dort auch Eier ab. Grünader-Weißling und Kleiner Kohlweißling fressen als Raupen am Laub.

Erkennen

- Höhe 30–70 cm, Breite 30 cm
- kleine gelbe Kreuzblüten von Mai bis August
- Blütenstand reich verzweigt, an jedem Zweigende mehrere Blüten
- die behaarten, schmalen Schoten reifen ab Juli und enthalten braune Samen
- Schoten stehen parallel zum Stängel und liegen ihm dicht an
- Blattrosette mit fiederteilig gelappten Grundblättern, der endständige Abschnitt dabei am größten
- obere Blätter schmal und zierlicher, mit gesägtem Rand
- Laub beidseitig behaart
- einjährig oder zweijährig überwinternd

Die bizarren Rosetten der Wegrauke im Winter zusammen mit Vogelmiere.

Loswerden ...

Landwirten ist die Wegrauke ein Dorn im Auge, da sie sich nur schwer mit Herbiziden bekämpfen lässt. Im Garten werden wir sie aber ganz leicht ohne Gifteinsatz mechanisch los. Als einjährige Pflanze wird die Wegrauke nicht durch Ausläufer lästig und lässt sich leicht ausreißen. Achten Sie jedoch auf die grünen Raupen des Aurorafalters an den Schoten und gewähren Sie den Futterpflanzen und ihren Bewohnern Amnestie.

... oder lieber nutzen

Typisch Kreuzblütler: Der Geschmack der Blätter ist kohlähnlich. Junge Blätter eignen sich daher als Zutat im Kräuterquark oder in der Suppe, sollten wegen ihrer Schärfe aber nur als Gewürz verwendet oder mit anderem Gemüse gemischt und nicht als Salatblätter zubereitet werden. Die Zugabe von Honig wirkt mildernd auf den Geschmack. Aus den Samen lässt sich Senf gewinnen.

COLESLAW MIT WEGRAUKE UND CASHEW-MAYONNAISE

Diese wilde Variante des veganen, amerikanischen Coleslaw basiert auf einem Gericht von Sebastian Copien.

ZUBEREITUNGSZEIT: 30 MIN. + KÜHLZEIT

ZUTATEN FÜR 4–6 PORTIONEN

Für die Mayonnaise:
100 g Cashewbruch
1 TL mittelscharfer Senf
1 EL Limettensaft
1,5 TL weißer Balsamico-Essig
½ TL Salz
1 gute Prise Kalak Nama
½ TL Agavendicksaft
85 ml geschmacksneutrales kaltes Öl
85 ml kalte Mandelmilch
weißer Pfeffer

Für den Coleslaw:
1 mittelgroßer Spitzkohl (ca. 500 g)
2–3 Handvoll junge Wegrauke-Blätter

- Alle Zutaten für die Mayonnaise in einem Hochleistungsmixer cremig mixen. Wenn Sie keinen Hochleistungsmixer haben, weichen Sie die Cashewkerne über Nacht ein, dann genügt ein normaler Mixer. Die Mayonnaise im Kühlschrank gut durchkühlen lassen.
- Kohl halbieren, den Strunk entfernen und den Kohl sehr fein hobeln. Den gehobelten Kohl nicht kneten, wie es oft für Krautsalat gemacht wird. Die Wegrauke-Blätter waschen, festere Stiele entfernen. Die Blätter in feine Streifen schneiden.
- Kohl, Wegrauke und kalte Mayonnaise direkt vor dem Servieren vermengen.

Andere Wildpflanzen: Hirtentäschel, Knoblauchsrauke, Sauerklee

WEGRAUKE-TABOULÉ MIT CRANBERRYS

Wegrauke mit ihrem kräftigen Geschmack passt mindestens genauso gut in das Taboulé, wie die normalerweise verwendete Petersilie.

ZUBEREITUNGSZEIT: CA. 30 MIN. + ETWAS ZEIT ZUM DURCHZIEHEN

ZUTATEN FÜR 4 PORTIONEN

240 ml Wasser
120 g Couscous
30 g getrocknete Cranberrys
120 g Kirschtomaten
½ Salatgurke
100 g Schafskäse
100 g junge Wegrauke-Blätter
2 Stängel frische Minze
Saft einer Zitrone
Salz, Pfeffer
ca. ½ TL Kreuzkümmel
1 Prise Zimt
4 EL Olivenöl

- Wasser aufkochen. Couscous und Cranberrys mischen, mit dem kochenden Wasser übergießen und quellen lassen.
- Tomaten und Gurke waschen. Beides in feine Würfel schneiden. Schafskäse zerbröseln. Wegrauke- und Minze-Blätter waschen, trocknen und fein hacken.
- Couscous und Cranberrys mit einer Gabel auflockern. Wegrauke, Minze, Tomaten, Gurke und Käse unterheben. Zitronensaft, Salz, Pfeffer, Kreuzkümmel, Zimt und Öl verrühren und mit dem Salat mischen. Salat etwas durchziehen lassen und nochmals abschmecken. Er soll würzig, aber auch frisch nach Zitrone schmecken.

Andere Wildpflanzen: Giersch, Hirtentäschel

Wegrauke-Taboulé mit Cranberrys

WEIẞKLEE UND ROTKLEE

TRIFOLIUM PRATENSE, T. REPENS

HUNGERKÜNSTLER IM RASEN

Der Rotklee wächst höher als der Weißklee und hat hübsche rötliche Blüten.

Die Wiesenklee-Arten Rotklee und Weißklee siedeln sich gern in Blumenbeeten an, ihre Vorliebe gilt aber sonnigen Rasenflächen. Vergisst man das Düngen für eine Weile, wittern sie ihre Chance und säen sich in der lückig gewordenen Grasnarbe aus – der teure Rollrasen wird von vielen Kleenestern erobert. Durch nachträgliche Düngergaben lassen sie sich dann nicht mehr vertreiben, denn sie wachsen auch auf nährstoffreichen Böden.

Durch das Einspannen von stickstofffixierenden Bakterien an den Wurzeln überbrücken sie magere Zeiten aber auch ganz ohne fremde Hilfe und gedeihen dabei besser als die Rasengräser, die sie mit ihrem Laub auch noch verschatten. Bei Gartenbesitzern sind die Arten daher alles andere als beliebt und gelten nicht unbedingt als Glücksklee, da sie den ordentlichen Eindruck des Rasens stören mit ihren rundlichen Blätter zwischen den Grashalmen. Der Rasenmäher kann sie auch nicht nachhaltig beeindrucken. Man muss dem Klee aber zugutehalten, dass er immer noch grün ist, wenn die Gräser schon lange in der sommerlichen Trockenheit braun geworden sind.

Die weißen oder rosafarbenen Blüten sind hübsche kleine Kugeln und ziehen bunte Tagfalter, Honigbienen und Hummeln an – barfuß über den Rasen zu laufen kann daher schmerzhaft werden.

Die Blätter zieren aparte weiße Abzeichen. Das Laub ist meist dreiteilig, selten finden sich vierblättrige Exemplare, die dem Finder Glück bringen sollen. Die Trockenheitstoleranz und Robustheit der Klee-Arten empfiehlt sie sogar als Rasenersatz – hier hat der Weißklee Karriere gemacht, der als kleinblättrige Züchtung unter dem Namen „Microclover" angeboten wird und für eine einheitlich grüne Fläche sorgt, die auch unter widrigen Bedingungen grün bleibt und trittfest ist. Rotklee und Weißklee sind gute Bodenverbesserer, die Stickstoff fixieren.

BITTE BEACHTEN!

Die beiden Kleearten sind nicht geeignet für Schwangere oder Personen, die Blutverdünner zu sich nehmen.

Erkennen

- Höhe Rotklee 15–60 cm, Weißklee 5–20 cm
- weiße oder rosafarbene Blüten von April bis Oktober
- viele kleine Schmetterlingsblüten, in einem kugelförmigen Blütenstand angeordnet
- Bodendecker mit oberirdischer Ausläuferbildung beim Weißklee, bzw. unterirdischen Ausläufern beim Rotklee
- Laubblätter dreiteilig mit weißen Abzeichen in der Mitte
- die Pflanzen wachsen durch kriechende Triebe, die sich bewurzeln, in die Breite
- Pfahlwurzel
- ausdauernd

Loswerden ...

Rot- und Weißklee wurzeln tief und müssen daher gründlich ausgestochen werden. Danach sollte der Rasen nachgesät und regelmäßig gedüngt werden, damit sich nicht wieder Lücken auftun, in die der Klee einwandern kann. Auch durch gründliches Vertikutieren der Rasenfläche in Längs- und Querrichtung lässt sich das Kraut zurückdrängen. Durch häufiges Rasenmähen kommen die Pflanzen immerhin nicht zur Samenbildung.

... oder lieber nutzen

Nicht nur Kaninchen mögen Klee. Die Triebe werden von Frühjahr bis Sommer geerntet und schmecken etwa wie Feldsalat. Sie passen zu Kräuterquark genauso wie zu gekochten Gemüsegerichten und lassen sich auch als Salatzutat verwenden. Sogar als Tee können die Blätter aufgegossen werden, sie sollen blutreinigend wirken. Da der Rotklee höher wird, ist er etwas leichter zu verwenden als Weißklee. Die süßlich schmeckenden Blüten sind eine hübsche Zutat zu Salaten oder dekorieren fertige Gerichte. Auch gegart schmecken sie köstlich z. B. im Risotto oder gekocht als Getränk.

TRENTINER ROTKLEE-RISOTTO

Das „Risotto al trifolio“ ist ein klassisches italienisches Risotto von den Wiesen des Trentino. Verwendet werden Blätter und Blüten des Rotklees. Nehmen Sie italienischen Risottoreis.

ZUBEREITUNGSZEIT: CA. 40 MIN.

ZUTATEN FÜR 4 PORTIONEN

2 Handvoll Blätter und Blütenköpfe vom Rotklee
1 Zwiebel
3 Salbeiblätter
50 g Butter
1 EL Olivenöl
300 g Risottorreis (z. B. Arborio, Carnaroli oder Vialone)
200 ml Weißwein (auf Wunsch)
1 l heiße Brühe
Salz
60–80 g frisch geriebener Parmesan

- Rotklee waschen. Von ca. 8 Blütenköpfchen die Blütenblättchen auszupfen und beiseitelegen. Die anderen Blüten und Blätter fein schneiden.
- Eine Pfanne erhitzen. Die Zwiebel in dünne Scheiben schneiden, die Salbeiblätter klein schneiden. Die Hälfte der Butter und das Olivenöl in die Pfanne geben. Zwiebeln, Klee, die Salbeiblätter und den Reis dazugeben und anrösten. Mit dem Wein ablöschen und unter Rühren köcheln, bis er vollständig aufgesogen ist.
- Den Risotto mit heißer Brühe auffüllen, bis der Reis knapp bedeckt ist. Bei milder Hitze 20–25 Min. garen, dabei nach und nach die heiße Brühe zugießen, dabei immer wieder umrühren.
- Die ausgezupften Blüten, die Hälfte des Parmesans und die restliche Butter unter den garen Reis mengen.
- Den restlichen geriebenen Parmesan und einige Blütenblättchen darüber verteilen.

Andere Wildpflanzen: Weißklee

KLEEBLÜTEN-DRINK „SURPRISE“

Ein leckerer Zauber-Drink. Der Zitronensaft verwandelt die gelbliche Farbe des Kleeblütensuds in Rosa oder Pink. Sammeln Sie die Blüten gemeinsam, dann macht es doppelt Spaß.

ZUBEREITUNGSZEIT: CA. 15 MIN.

ZUTATEN FÜR 1 LITER

ca. 150 Rotklee-Blüten ohne Blätter
800 ml weiches Wasser (z. B. stilles Mineralwasser)
ca. 200 ml Zitronensaft
Honig oder Zucker

- Die Kleeblüten gut waschen und im Wasser für 8 Min. kochen. Den Kleesud abseihen und den gelblichen Saft mit dem Zitronensaft und Zucker oder Honig servieren.
- Der Klee-Drink färbt sich rosafarnen bis pink, je nachdem wieviel Zitronensaft verwendet wird.

Kleeblüten-Drink „Surprise“

TIPP: LASSEN SIE DEN SUD NICHT ZU LANGE STEHEN, DENN DANN FÄRBT ER SICH BRÄUNLICH.

SERVICE

Möchten Sie noch mehr erfahren? Hier finden Sie weitere Literatur zum Schmökern und Verzeichnisse zum Nachschlagen.

ZUM WEITERLESEN

Aichele, Dietmar; Schwegler, Heinz-Werner. **Die Blütenpflanzen Mitteleuropas.** Band 1–5. 2. Auflage. Kosmos-Verlag 2008.

Beiser, Rudi. **Unsere essbaren Wildpflanzen: Bestimmen, sammeln und zubereiten.** Kosmos-Verlag 2014.

Bissegger, Meret. **Meine wilde Pflanzenküche: Bestimmen, Sammeln und Kochen von Wildpflanzen.** AT Verlag 2011.

Bross-Burkhardt, Brunhilde. **Lob des Unkrauts: Wilde Pflanzen in Garten und Stadt – nützlich und schön.** Haupt-Verlag 2015.

Fleischhauer, Steffen Guido; Guthmann, Jürgen; Spiegelberger, Roland. **Essbare Wildpflanzen: 200 Arten bestimmen und verwenden.** AT-Verlag 2011.

Greiner, Karin. **Meine Hausapotheke aus Wildpflanzen: Heilkräuter finden und verarbeiten im Jahreslauf.** Verlag Eugen Ulmer 2015.

Greiner, Karin. **Superfood Heimische Wildpflanzen: Power aus Garten, Wald und Wiese.** Verlag Eugen Ulmer 2016.

Partzsch, Monika; Cremer, Juergen; Zimmermann, Gerda; Goltz, Horst. **Acker- und Gartenunkräuter: Mit Bestimmungsschlüsseln für: Samen, Keimpflanzen, blühende Pflanzen.** Agrimedia 2006.

Schwarzer, Elke. **Heimische Pflanzen für den Garten.** Verlag Eugen Ulmer 2016.

Schwarzer, Elke. **Mein Bienengarten.** Verlag Eugen Ulmer 2017.

Schwarzer, Elke. **Mein Schmetterlingsgarten.** Verlag Eugen Ulmer 2019.

Strauß, Markus. **Die 12 wichtigsten essbaren Wildpflanzen: Bestimmen, sammeln und zubereiten.** Hädecke Verlag 2013.

DANK Der Verlag Eugen Ulmer bedankt sich bei Christine Hieber, deren Anregung maßgeblich zur Entstehung des Buches beigetragen hat.

Taubnesseln mit ihren zarten Blüten.

PFLANZEN SCHNELL NACHGESCHLAGEN

REZEPTE SCHNELL NACHGESCHLAGEN

Bildquellen

Titelfoto: Kollage aus Bildern von **Adobe Stock/Annett Seidler, Adobe Stock/womue, beanimages/Shutterstock.com, Evgeny Karandaev/Shutterstock.com, Liliya Kandra/Shutterstock.com**. Untergrund: **Schmidt-Röger, Heike**.

Gründemann, Eva: Alle Rezeptfotos und die Fotos auf den Seiten 10, 13, 15, 16 und auf der vorderen Umschlagseite (außen).
Hansch, Roland: Porträtfoto hintere Umschlagseite (außen, oben).
Hansch, Susanne: Seite 18, 19, 22, 27, 32, 37, 44, 45, 50, 51, 58, 60, 61, 64, 65, 68, 69, 78, 79, 83, 94, 98, 100, 106, 107, 115, 122, 125 sowie die Fotos auf den hinteren Umschlagseiten (innen).
Prins, Benjamin: Porträtfotos hintere Umschlagseite (außen, unten).
Schwarzer, Elke: Seite 4, 7, 8, 9, 23, 26, 30, 33, 36, 40, 41, 54, 55, 72, 73, 76, 82, 88, 90, 91, 95, 101, 104, 110, 111, 114, 118 sowie die Fotos auf den vorderen Umschlagseiten (innen).

Die in diesem Buch enthaltenen Empfehlungen und Angaben sind von den Autoren mit größter Sorgfalt zusammengestellt und geprüft worden. Eine Garantie für die Richtigkeit der Angaben kann aber nicht gegeben werden. Autoren und Verlag übernehmen keine Haftung für Schäden und Unfälle. Bitte setzen Sie bei der Anwendung der in diesem Buch enthaltenen Empfehlungen Ihr persönliches Urteilsvermögen ein.
Der Verlag Eugen Ulmer ist nicht verantwortlich für die Inhalte der im Buch genannten Websites.

BIBLIOGRAFISCHE INFORMATION DER DEUTSCHEN NATIONALBIBLIOTHEK
Die Deutsche Nationalbibliothek verzeichnet diese Publikation in der Deutschen Nationalbibliografie; detaillierte bibliografische Daten sind im Internet über http://dnb.d-nb.de abrufbar.

Das Werk einschließlich aller seiner Teile ist urheberrechtlich geschützt. Jede Verwertung außerhalb der engen Grenzen des Urheberrechtsgesetzes ist ohne Zustimmung des Verlages unzulässig und strafbar. Das gilt insbesondere für Vervielfältigungen, Übersetzungen, Mikroverfilmungen und die Einspeicherung und Verarbeitung in elektronischen Systemen.

© 2019 Eugen Ulmer KG
Wollgrasweg 41, 70599 Stuttgart (Hohenheim)
E-Mail: info@ulmer.de
Internet: www.ulmer.de
Lektorat: Lisa Seibel, Christine Hutschenreuther, Sabine Drobik
Herstellung: Silke Reuter
Umschlag-Gestaltung: Dittus Design, Esslingen
Layout und Satz: Susanne Junker, red.sign, Stuttgart
Reproduktion: timeRay visualisierungen, Jettingen
Druck und Bindung: Westermann Druck, Zwickau
Printed in Germany

FSC
www.fsc.org
MIX
Papier | Fördert gute Waldnutzung
FSC® C110508

ISBN 978-3-8186-0647-3